上海市工程建设规范

城镇天然气站内工程施工质量验收标准

Standard for construction quality acceptance of engineering in city gas station

DG/TJ 08-2103-2019

J 12084-2019

主编单位：上海市建设工程安全质量监督总站
　　　　　上海燃气（集团）有限公司
批准部门：上海市住房和城乡建设管理委员会
施行日期：2020 年 5 月 1 日

同济大学出版社

2020　上海

图书在版编目(CIP)数据

城镇天然气站内工程施工质量验收标准/上海市建设工程安全质量监督总站,上海燃气(集团)有限公司主编.--上海:同济大学出版社,2020.5
ISBN 978-7-5608-9211-5

Ⅰ.①城… Ⅱ.①上…②上… Ⅲ.①天然气工程-工程施工-工程验收-质量标准-上海 Ⅳ.①TE64-65

中国版本图书馆 CIP 数据核字(2020)第 044553 号

城镇天然气站内工程施工质量验收标准

上海市建设工程安全质量监督总站
                              主编
上海燃气(集团)有限公司

策划编辑   张平官
责任编辑   朱　勇
责任校对   徐春莲
封面设计   陈益平

出版发行   同济大学出版社   www.tongjipress.com.cn

　　　　　(地址:上海市四平路 1239 号　邮编:200092　电话:021-65985622)

经　　销   全国各地新华书店
印　　刷   浦江求真印务有限公司
开　　本   889mm×1194mm　1/32
印　　张   7.625
字　　数   205000
版　　次   2020 年 5 月第 1 版　2020 年 5 月第 1 次印刷
书　　号   ISBN 978-7-5608-9211-5
定　　价   60.00 元

上海市住房和城乡建设管理委员会文件

沪建标定〔2019〕793 号

上海市住房和城乡建设管理委员会
关于批准《城镇天然气站内工程施工质量验收
标准 》为上海市工程建设规范的通知

各有关单位：

由上海市建设工程安全质量监督总站和上海燃气（集团）有限公司主编的《城镇天然气站内工程施工质量验收标准》，经我委审核，现批准为上海市工程建设规范，统一编号为 DG/TJ 08－2103－2019，自 2020 年 5 月 1 日起实施，原《城镇天然气站内工程施工质量验收标准》(DG/TJ 08－2103－2012)同时废止。

本规范由上海市住房和城乡建设管理委员会负责管理，上海市建设工程安全质量监督总站负责解释。

特此通知。

上海市住房和城乡建设管理委员会

二〇一九年十二月五日

前　言

　　根据上海市住房和城乡建设管理委员会《关于印发〈2017年上海市工程建设规范编制计划〉的通知》(沪建标定〔2016〕1076号)的要求,由上海市建设工程安全质量监督总站和上海燃气(集团)有限公司会同设计、监理、施工等单位在原上海市工程建设规范《城镇天然气站内工程施工质量验收标准》DG/TJ 08－2103－2012的基础上进行修订,完成了本标准。

　　本标准在修订过程中,编制组广泛调查研究,认真总结上海市天然气场站多年建设的实践经验,参考国家标准和相关专项技术标准,并在广泛征求意见的基础上,修订完成本标准。

　　本标准的主要内容包括:总则;术语;基本规定;天然气门站、调压站主体工艺装置装工程;液化天然气储罐工程;液化、压缩天然气装置工程;站内工艺管道工程;电气工程;自动化仪表及控制工程;消防工程;安防工程。

　　与原标准相比,本标准主要有以下变化:

　　1. 根据国家相关政策和天然气场站质量验收经验,理顺了质量验收程序和组织形式。

　　2. 天然气场站中增加了加热炉、排污罐、分析设备的质量验收要求。

　　3. 对液化天然气场站根据分部、分项工程,进行了梳理调整,分为外罐、内罐、附属设施、试验验收等。

　　4. 增加了场站内埋地管道质量验收要求。

　　5. 增加了可燃气体报警系统的质量验收要求。

　　6. 根据安全要求,增加了"安防工程"质量验收章节。

各单位及相关人员在本标准执行过程中,如有意见或建议,请反馈至上海市建设工程安全质量监督总站(地址:上海市小木桥路 683 号;邮编:200032),或上海市建筑建材业市场管理总站(地址:上海市小木桥路 683 号;邮编:200032;E-mail:bzglk@zjw.sh.gov.cn),以供今后修订时参考。

主 编 单 位:上海市建设工程安全质量监督总站

　　　　　　　上海燃气(集团)有限公司

参 编 单 位:上海天然气管网有限公司

　　　　　　　中国市政工程西南设计研究总院有限公司

　　　　　　　上海燃气工程设计研究有限公司

　　　　　　　上海液化天然气有限责任公司

　　　　　　　上海电力建筑工程公司

　　　　　　　上海市安装工程集团有限公司

　　　　　　　上海环亚工程咨询监理有限公司

　　　　　　　上海化工工程监理有限公司

　　　　　　　英泰克工程顾问(上海)有限公司

主要起草人员:蔡乐刚　李念文　张　明　管　伟　陆银宝

　　　　　　　宋玉银　鲁国文　方嘉华　金　罕　洪丕耀

　　　　　　　李信浩　张谷熊　申建波　张　隽　孙云波

　　　　　　　邹　勇　李　斌　王俊生　孟庆山　钱经伦

　　　　　　　楼海英　陈　波

主要审查人员:杜伟国　祝伟华　郑谦文　张　臻　张锦霖

　　　　　　　徐永生　顾福明

上海市建筑建材业市场管理总站

2019 年 10 月

目　次

— 1 —

Contents

1 总　则

1.0.1　为规范本市城镇天然气站内工程施工质量管理,统一施工质量验收标准,保证工程质量,制定本标准。

1.0.2　本标准适用于本市新建、改建、扩建的城镇天然气门站、调压站、分输站、清管站及液化天然气接收站、应急储备与调峰气源站、气化站等场站工程的施工质量验收。

1.0.3　城镇天然气站内工程的施工质量验收,除应执行本标准外,尚应符合国家、行业及本市现行有关标准、规范的规定。

2 术　语

2.0.1　门站　gate station

是指接收上游来气向城镇供应气源的门户,包括输气首站和城市门站。

2.0.2　调压站　regulator station

承担城镇燃气输配压力调节的场站,一般具有调压、计量、过滤、加臭、清管等功能。

2.0.3　液化天然气接收站　LNG receiving terminal

为接收液化天然气而设置的站场,一般具有将槽车或槽船运输的液化天然气进行卸气、储存、气化、调压、计量和加臭,并送入城镇燃气管道等功能。

2.0.4　液化天然气应急储备及调峰气源站　LNG emergency and peak-shaving supply station

在上游供气出现事故或当下游用气高峰情况时,上游供气不能满足下游的用气需求,将储存的 LNG 气化为气态天然气后,经调压、计量、加臭,通过城镇燃气管网向用户供气的专门场所。

2.0.5　液化天然气气化站　LNG vaporizing station

液化天然气储罐作为储存设施,利用气化装置将液化天然气转变为气态天然气后,经调压、计量、加臭,通过管道向用户供气的专门场所。包括常规气化站、撬装气化站、瓶组气化站。

2.0.6　液化天然气储罐　LNG container

具有耐低温和隔热性能,用于储存液化天然气的罐体。一般分为单容式、双容式和全容式储罐。

2.0.7　9％Ni 钢　9％Ni steel

是一种－196℃级低温压力容器钢板。以其良好的耐低温冲击性能和极低的受热形变系数,被广泛应用于液化天然气储存设备材质。中文名称06Ni9DR,俗称9镍钢。

2.0.8 主控项目 dominant item

对安全、健康、环境和公众利益,以及对工程质量起决定性作用的检验项目。

2.0.9 一般项目 general item

除主控项目以外的检验项目。

3 基本规定

3.1 基本要求

3.1.1 从事站内工程建设和验收的相关单位和人员应具有与承担工程内容相应要求的专业资质。

3.1.2 施工现场应具有健全的质量管理体系,完善的施工质量控制和检验制度。施工单位现场质量管理按照本标准附录 A 规定的内容进行检查。

3.1.3 工程施工质量控制应符合下列规定:

 1 工程采用的设备、装置、成品、半成品、原材料等产品必须具有产品质量证明书、出厂合格证等质量证明文件,其性能指标应符合国家现行相关标准和设计文件规定;设备、装置、成品、半成品、原材料进场时应组织验收,验收不合格的不得使用;对重要设备或材料可委托制造监理驻厂监造或组织出厂验收;对涉及安全、节能、环保和主要使用功能的重要材料、产品,应按相关规定进行复检。符合要求后方可使用。

 2 各工序应按照施工技术规范、标准进行质量控制,每道工序完工后应进行检验并有检验记录,检验不合格的不得进行下道工序施工。

 3 隐蔽工程在隐蔽前应组织验收,验收不合格不得进入下道工序施工。

 4 各专业之间应按工程范围进行交接验收,每个专业完工后应进行检验并有检验记录,检验不合格的不得进行交接。

 5 产品进场验收、工序检验、隐蔽验收、安装调试、系统调试应有记录。

6 现场检验的计量器具、检测仪器、试验设备,必须经法定计量机构的检定、校准,应有检定标识且在检定有效期内。

3.2 质量验收项目划分

3.2.1 在施工前应完成单位(子单位)工程、分部(子分部)工程、分项工程的划分,并确定检验批划分原则。城镇天然气站内工程质量验收划分方法可按照本标准附录B的规定执行。

3.2.2 单位(子单位)工程的划分应按下列原则确定:

1 具备独立施工条件且有独立使用功能的站内工程可作为一个单位(子单位)工程。

2 一个独立核算单位可作为一个单位(子单位)工程。

3 大型构筑物、设备、装置工程宜作为一个单位(子单位)工程。

4 一个规模较大的单位工程,可按其使用功能、运行工艺划分为若干个子单位工程。

3.2.3 分部(子分部)工程的划分应按下列原则确定:

1 应按专业性质进行划分。

2 分部工程较大或较复杂时,可按材料种类、施工特点、施工方法、施工程序、专业系统划分为若干个子分部工程。

3.2.4 分项工程应按主要工序、施工工艺、设备和材料类别等进行划分。一个分项工程可由一个或若干个检验批组成。

3.2.5 检验批可根据施工、质量控制和专业验收需要,按施工段、施工作业段数量、特殊施工方法等进行划分。

3.3 质量验收合格规定

3.3.1 站内工程施工质量验收应在施工单位自检合格基础上,按照检验批、分项工程、分部(子分部)工程、单位(子单位)工程的顺序逐次进行验收。

3.3.2 检验批合格质量应符合下列规定：

    1 主控项目的质量抽样检验全部合格。

    2 一般项目的质量抽样检验合格率80％及以上。

    3 有完整的施工自检、试验、检测和调试记录。

3.3.3 分项工程合格质量应符合下列规定：

    1 分项工程所含的检验批质量均验收合格。

    2 分项工程所含检验批的质量验收记录应完整。

    3 有关质量保证资料和检验资料齐全。

3.3.4 分部(子分部)工程合格质量应符合下列规定：

    1 分部(子分部)工程所含分项工程的质量均验收合格。

    2 质量保证资料完整。

    3 涉及安全和使用主要功能的施工检测结果应合格。

    4 观感质量验收符合要求。

3.3.5 单位(子单位)工程合格质量应符合下列规定：

    1 单位(子单位)工程所含分部(子分部)工程的质量均验收合格。

    2 单位(子单位)工程质量保证资料抽查合格。

    3 涉及安全和使用主要功能的施工检测资料应完整,施工检测结果应合格。

    4 单位(子单位)工程实体质量抽检合格。

    5 单位(子单位)工程外观质量检查合格。

3.3.6 工程质量验收记录应符合下列规定：

    1 检验批质量验收记录应符合本标准附录C的规定。

    2 分项工程质量验收记录应符合本标准附录D的规定。

    3 分部工程质量验收记录应符合本标准附录E的规定。

    4 单位(子单位)工程质量验收、质量保证资料检查、实体质量抽检、外观质量检查记录、安全及使用主要功能抽查记录应符合本标准附录F的规定。

3.3.7 工程竣工验收合格应符合下列规定：

1 所有单位(子单位)工程质量验收合格。

2 单位(子单位)工程验收中提出的整改项目已销项。

3 系统综合调试合格,有完整的调试报告。

4 试运行时间符合有关标准规定和设计要求,并有试运行结论报告。

3.3.8 工程质量验收不合格处理应符合下列规定：

1 经返工处理的,应重新按本标准的相关规定进行验收。

2 经有相应资质的检测单位检验鉴定能够达到设计要求并有鉴定报告证明的,应予以验收。

3 经有相应资质的检测单位检验鉴定达不到设计要求,但经原设计单位核算认可能够符合结构、设备装置安全和使用功能并有原设计单位核算认可证明的,可予以验收。

4 经返修或加固处理的分项、分部(子分部)工程,虽然改变外形尺寸但仍能符合使用功能要求,可按相关技术处理方案文件和协商文件进行验收。

3.3.9 通过返修处理仍不能符合安全和使用功能要求的工程,严禁验收。

3.4 质量验收程序和组织

3.4.1 检验批及分项工程应由专业监理工程师组织施工单位该项目专业质量(技术)负责人等进行验收。

3.4.2 分部(子分部)工程应由总监理工程师组织施工单位该项目负责人及其技术、质量负责人及设计单位项目负责人等进行验收。涉及重要基础分部,还需要勘察单位项目负责人参加。

3.4.3 单位(子单位)工程质量验收应按照下列顺序进行：

1 单位(子单位)工程完工后,施工单位自行检验合格后,应向监理单位提出预验收申请,并提交预验收报告。

2 对符合验收条件的单位(子单位)工程,应由总监理工程师组织工程质量预验收。建设、施工、勘察、设计等单位项目负责人应参加预验收,并提出检查报告。预验收检查的问题整改完毕后,经监理、设计、建设单位确认合格后,由施工单位向建设单位提交工程竣工报告,申请工程竣工验收。

3.4.4 建设单位收到竣工报告后,应成立验收组按规定组织验收。验收组由建设、勘察、设计、施工、监理等单位的有关(项目)负责人及施工单位技术负责人组成,亦可邀请有关专家参加。验收组组长应由建设单位有关负责人担任。

4 天然气门站、调压站主体工艺装置安装工程

4.1 一般规定

4.1.1 本章适用于天然气门站、调压站、分输站、清管站等气态场站主体工艺设备、附件及附属设施的施工质量验收。

4.1.2 设备及附件安装前应具备下列条件：

1 设备及附件基础的工程质量验收应符合现行国家标准《混凝土结构工程施工质量验收规范》GB 50204、《建筑地基基础工程施工质量验收规范》GB 50202 等规范及设计要求。

2 设备应开箱检查，符合下列要求：

1）设备的外观质量应完好，色泽均匀统一，无损伤无锈蚀。

2）设备的种类、规格与型号应符合设计要求。

3）设备质量证明文件及合格证应齐全。

4）备品备件、设备零件及附件、专用工具等应与装箱单相符。

4.1.3 设备基础允许偏差应符合设计文件要求；当设计无要求时，应符合表 4.1.3 的规定。

表 4.1.3 设备基础允许偏差

项目		允许偏差(mm)	检验数量	检验方法
混凝土基础	表面标高	0～−10	四个方位	水准仪测量
	表平面水平度	$L/1000$ 且≤10	纵横方向	水准仪或水平仪测量
	轴线位置	10	纵横方向	钢卷尺测量
	平面外形尺寸	±20	纵横方向	钢卷尺测量
	地脚螺栓预留孔 中心位置	10	全数检查	钢卷尺测量
	地脚螺栓预留孔 深度	+20		
	地脚螺栓预留孔 孔壁垂直度	10		
	预埋地脚螺栓 标高	0～+10	全数检查	水准仪测量
	预埋地脚螺栓 中心距	±2	全数检查	根部、顶部用钢卷尺测量

注：L 为混凝土基础的边长，单位为 mm。

4.1.4 设备基座下的垫铁,其规格、位置、数量应符合现行国家标准《机械设备安装工程施工及验收通用规范》GB 50231 的要求,接触应良好,不松动。设备找正后应点焊牢固。每组垫铁数量不应超过 4 块,放置整齐,外露 10mm～20mm;斜垫铁搭接长度不应小于斜垫铁全长的 3/4。垫铁隐蔽前应检查合格。

4.1.5 预埋的地脚螺栓或二次灌浆安装的地脚螺栓应垂直,地脚螺栓任一部位与孔壁的距离不应小于 15mm。当设备底座套入螺栓时,地脚螺栓不得有卡阻现象。螺母和垫圈应齐全、紧固均匀。螺栓螺纹应无损坏现象,螺母紧固后,螺纹应外露 2 个～3 个螺距,且涂防锈脂。

4.1.6 设备及附件的安装质量验收除应按本章规定执行之外,与天然气管道的接口连接工程质量验收尚应符合本标准第 7 章的相关规定。

4.1.7 工艺区内的所有设备外壳应与接地装置可靠连接,接地电阻值应符合相关规范或设计文件规定。

4.1.8 设备安装完成后,应与工艺管道系统整体进行气密性试验,相关的仪表及控制系统应进行调试与校验。

4.1.9 设备为压力容器或撬装设备中有压力容器,压力容器规格与特性数据应符合设计文件规定,压力容器质量证明文件应符合现行特种设备安全技术规范《固定式压力容器安全技术监察规程》TSG 21 的要求。

4.2 预处理器

I 主控项目

4.2.1 预处理器设备规格、型号、性能指标等应符合设计文件规定,预处理器各管口方位及尺寸应符合设计文件的要求,附件和配件应齐全、合格。

检验数量:全数检查。

检验方法:查阅设备质量证明文件,目视检查。

4.2.2 设备基础质量应符合本标准第4.1.2条的规定。

检验数量:全数检查。

检验方法:查阅交接验收记录或复验记录,观察检查和现场实测。

4.2.3 安全阀、压力表、压差报警等安全附件已经校验且在有效期内,标定值符合设计要求,并有校验合格铅封。

检验数量:全数检查。

检验方法:查阅安全附件的校验记录、定值记录。

4.2.4 地脚螺栓的规格和材质应符合设计文件规定。

检验数量:全数检查。

检验方法:目视检查,查阅质量证明文件。

Ⅱ　一般项目

4.2.5 现场组装的框架检修平台与爬梯等安装位置合理。平台护栏与梯子踏步连接牢固。

检验数量:全数检查。

检验方法:目测检查,0.25kg手锤敲击检查。

4.2.6 设备基础表面及地脚螺栓预留孔内无杂物、无油污和积水。二次灌浆料强度等级高于基础强度等级1~2级,灌浆层应捣实无裂纹。

检验数量:全数检查。

检验方法:查阅交接验收记录、灌浆料的质保书或复验记录。

4.2.7 设备基座垫铁安装质量应符合本标准第4.1.4条的要求。

检验数量:全数检查。

检验方法:目视检查,0.25kg手锤敲击检查,查阅隐蔽验收单。

4.2.8 在预留孔内安装的地脚螺栓的质量应符合本标准第4.1.5条的要求。

检验数量：全数检查。

检验方法：目视检查，用扳手及钢卷尺检查。

4.2.9 安全阀、压力表等安全附件应安装牢固、方向正确。压力表安装应朝向便于观察的位置。

检验数量：全数检查。

检验方法：目视检查。

4.2.10 预处理器混凝土基础允许偏差应符合本标准表 4.1.3 的规定。

检验数量：全数检查。

检验方法：水准仪、钢卷尺测量。

4.2.11 预处理器的安装尺寸允许偏差应符合表 4.2.11 的规定。

表 4.2.11 预处理器安装尺寸允许偏差

项目	允许偏差（mm）	检验数量	检验方法
设备标高	±5	纵横轴线 4 个点	水准仪测量
设备中心平面位移	±5	纵横轴线 4 个点	经纬仪或用钢卷尺测量
设备垂直度	$h/1000$，且≤25	相隔 90°共 4 个点	线锤或经纬仪测量
设备管口方位	±5	管口全数	经纬仪及钢卷尺测量

注：h 为设备高度，单位为 mm。

4.3 汇 管

Ⅰ 主控项目

4.3.1 汇管规格、型号、材质及性能指标等应符合设计文件规定，汇管的各管口方位、尺寸、水平度、垂直度等工艺参数指标应符合设计文件要求。

检验数量：全数检查。

检验方法：查阅设备质量证明及设计文件，目视检查。

4.3.2 设备基础质量应符合本标准第4.1.2条的规定。

　　检验数量:全数检查。

　　检验方法:查阅交接验收或复验记录。

Ⅱ　一般项目

4.3.3 设备基座垫铁安装质量应符合本标准第4.1.4条的要求。

　　检验数量:全数检查。

　　检验方法:目视检查,0.25kg手锤敲击检查,查阅隐蔽验收单。

4.3.4 地脚螺栓的安装质量应符合本标准第4.1.5条的要求。汇管基础基座板与底板应能够滑动,滑动量应根据安装环境与操作条件之间的温差确定。外接管道安装完成后,固定侧的螺母应紧固均匀,滑动侧的螺母紧固后应拧松0.5mm～1.0mm,且螺栓应处于滑动腰型孔的中位。

　　检验数量:全数检查。

　　检验方法:目视检查,用扳手、直尺与塞尺检查。

4.3.5 汇管基础的尺寸允许偏差应符合本标准表4.1.3的规定。

　　检验数量:全数检查。

　　检验方法:水准仪、钢卷尺测量。

4.3.6 汇管的安装尺寸允许偏差应符合表4.3.6的规定。

表4.3.6　汇管安装尺寸允许偏差

项目		允许偏差(mm)	检验位置	检验方法
设备标高		±5	两端各1个点	水准仪测量
设备平面中心位移		±5	纵横两端各1个点	钢卷尺测量
设备水平度	纵向	$L/1000$	设备纵向2个点	水平仪或水准仪测量
	横向	$2D/1000$	设备横向2个点	水平仪或水准仪测量

注:L为两基座间的距离,D为设备外径,单位均为mm。

4.4 过滤器

4.4.1 过滤器设备规格、型号、性能指标等应符合设计文件规定。

　　检验数量：全数检查。

　　检验方法：查阅设备质量证明文件。

4.4.2 过滤器的零部件数量齐全，密封良好，安装正确。过滤器设备进出管口安装方位及尺寸、快开门安全联锁装置及压差显示等应符合设计文件的要求。

　　检验数量：全数检查。

　　检验方法：目视检查。

4.4.3 设备基础质量应符合本标准第4.1.2条的规定。

　　检验数量：全数检查。

　　检验方法：查阅交接验收记录或复验记录。

4.4.4 安全阀、压力表、压差报警等安全附件已经校验且在有效期内，标定值应符合设计文件规定。快开门的联锁装置进行初步调试，灵敏可靠。

　　检验数量：全数检查。

　　检验方法：查阅安全附件的校验记录、定值记录、调试记录。

4.4.5 过滤器的操作平台与梯子安装位置合理、便于操作，平台护栏与梯子踏步连接牢固。

　　检验数量：全数检查。

　　检验方法：目视检查，0.25kg手锤敲击检查。

4.4.6 设备基座垫铁安装质量应符合本标准第4.1.4条的要求。

　　检验数量：全数检查。

检验方法:目视检查,0.25kg 手锤敲击检查,查阅隐蔽验收单。

4.4.7 地脚螺栓安装质量应符合本标准第 4.1.5 条的要求。卧式过滤器滑动侧的基座板应能够在底板上滑动。外接管道安装完成后,卧式过滤器地脚螺栓固定侧的螺母应紧固均匀,滑动侧的螺母紧固后应拧松 0.5mm～1.0mm,螺栓应处于腰型孔的中位。

检验数量:全数检查。

检验方法:目视检查、用扳手检查,直尺与塞尺测量。

4.4.8 安全阀、压力表等安全附件安装牢固、方向正确,并有校验合格铅封。压力表安装应朝向便于观察的位置。

检验数量:全数检查。

检验方法:目视检查。

4.4.9 过滤器基础的尺寸允许偏差应符合本标准表 4.1.3 的规定。

检验数量:全数检查。

检验方法:水准仪、钢尺测量。

4.4.10 过滤器的安装尺寸允许偏差应符合表 4.4.10 的规定。

表 4.4.10 过滤器安装尺寸允许偏差

项目		允许偏差(mm)	检验位置	检验方法
设备标高	立式	±5	纵横轴线 4 个点	水准仪测量
	卧式	±5	两端各 1 个点	水准仪测量
平面中心位移	立式	5	纵横轴线 4 个点	钢卷尺测量
	卧式	5	纵横两端各 1 个点	钢卷尺测量
卧式设备水平度	纵向	$L/1000$	两端 2 个点	水平仪或水准仪测量
	横向	$2D/1000$	两侧 2 个点	水平仪或水准仪测量
立式设备垂直度		$h/1000$,且≤25	相隔 90°,4 个点	重锤吊线或经纬仪测量
立式设备管口方位		±5	管口全数	钢卷尺测量

注:L 为两基座间的距离,D 为设备外径,h 为设备高度,单位均为 mm。

4.5 调压和计量装置

Ⅰ 主控项目

4.5.1 调压器及流量计的规格、型号、性能指标等应符合设计文件规定。

　　检验数量:全数检查。

　　检验方法:查阅设备质量证明文件,目视检查。

4.5.2 调压器及流量计安装方向箭头应与天然气的流向一致。

　　检验数量:全数检查。

　　检验方法:目视检查。

4.5.3 调压器配套的安全切断阀,安装顺序应符合设计规定和成套设备规定。

　　检验数量:全数检查。

　　检验方法:查阅设计文件和设备技术规格书,目视检查。

4.5.4 流量计配套前后测量直管段,成套安装。

　　检验数量:全数检查。

　　检验方法:查阅设计文件,目视检查。

4.5.5 以调压器或流量计为主体的撬装设备(调压撬或计量撬)性能指标、各组成件、整体质量合格证、管道外涂层漆、安装环境、位置应符合设计文件规定和成撬技术要求。

　　检验数量:全数检查。

　　检验方法:对照设计文件,目视与测量检查。

4.5.6 调压撬、计量撬系统中的调节阀、消音器、电加热器、检测仪表、安全阀等配套设备应安装正确。各管口方位应符合设计文件的要求。撬体进出口方向应与天然气气流方向一致。

　　检验数量:全数检查。

　　检验方法:查阅设计文件,目视检查。

4.5.7 设备基础质量应符合本标准第4.1.2条的规定。

检验数量:全数检查。

检验方法:查阅交接验收记录或复验记录。

4.5.8 调压撬、计量撬的压力表、安全阀等附件已经校验且在有效期内,标定值符合设计要求。

检验数量:全数检查。

检验方法:查阅安全附件的校验、定值记录。

4.5.9 分段运输到现场组装的调压撬、计量撬,应控制撬块之间的标高、轴线与水平度,组装后应单独进行或参与系统进行严密性试验。

检验数量:全数检查。

检验方法:查阅严密性试验记录

4.5.10 调压撬、计量撬调试应符合设备技术文件和设计文件要求,并应符合以下规定:

1 撬体进出口压力、温度、流量等工艺参数符合设计文件与运行功能的要求。

2 压力表、安全阀、紧急切断阀等安全附件运行灵敏准确。

3 各类仪表仪器数据指示、传递正确,自动控制、远程传递等系统运行安全可靠。

检验数量:全数检查。

检验方法:查阅调试记录与报告,目视检查。

Ⅱ 一般项目

4.5.11 现场安装的调压器、流量计,各取样管、测量管安装应横平竖直,法兰连接正确,密封良好。

检验数量:全数检查。

检验方法:目视检查、查阅安装记录。

4.5.12 撬装设备的放散管应分级汇总,留有对外接口;撬装排污管应汇总,留有对外接口。

检验数量:全数检查。

检验方法:查阅设计文件,目视检查。

4.5.13 设备基础表面及地脚螺栓预留孔内无杂物、无油污和积水。二次灌浆前基础表面凿毛,二次灌浆料强度等级高于基础强度等级1~2级,灌浆层应捣实无裂纹。

检验数量:全数检查。

检验方法:查阅交接验收记录和灌浆料的质保书。

4.5.14 设备基座下的安装垫铁的质量应符合本标准第4.1.4条的要求。垫铁应与设备底座金属框架焊接固定。

检验数量:全数检查。

检验方法:目视检查,用手锤敲击检查,查阅隐蔽验收单。

4.5.15 安装的地脚螺栓的质量应符合本标准第4.1.5条的要求。

检验数量:全数检查。

检验方法:目视检查,用扳手检查,直尺与塞尺测量。

4.5.16 撬装设备中的安全阀、压力表等安全附件的外表有校验合格铅封,安装方向正确、牢固可靠,位置朝向应便于观察、检查与维修,限位标记醒目。

检验数量:全数检查。

检验方法:目视检查。

4.5.17 撬内设备静电跨接及接地应可靠,撬体支座预留不少于2处与撬外接地系统的连接断接卡,位置对角线对称布置。

检验数量:全数检查。

检验方法:目视检查,查阅电阻测试记录。

4.5.18 调压撬、计量撬基础的尺寸允许偏差应符合本标准表4.1.3的规定。

检验数量:全数检查。

检验方法:水准仪、钢尺测量。

4.5.19 调压撬、计量撬安装尺寸允许偏差应符合表4.5.19的规定。

表 4.5.19　调压撬、计量撬安装尺寸允许偏差

项目		允许偏差(mm)	检验位置	检验方法
设备标高		±5	撬体四角各 1 个点	水准仪测量
设备平面中心位移		5	纵横两端各 1 个点	钢卷尺测量
设备水平度	纵向	$L/1000$	两端 2 个点	水平仪或水准仪测量
	横向	$L'/1000$	两侧 2 个点	水平仪或水准仪测量

注:L 为撬的纵向边长,L' 为撬的横向边长,单位均为 mm。

4.6　加压装置(离心压缩机组)

Ⅰ　主控项目

4.6.1　加压装置的规格、型号、性能指标等应符合设计文件规定。

　　检验数量:全数检查。

　　检验方法:查阅开箱记录、设备质量证明文件,目视检查。

4.6.2　加压装置的主机设备及配套设备、各类仪表等应安装正确,齐全完好;仪表空气系统、密封系统、空冷系统及加压装置中润滑油系统安装应符合设备技术文件规定,机器轴承箱应经专用润滑油试验检查合格。

　　检验数量:全数检查。

　　检验方法:目视检查,查阅施工记录。

4.6.3　机组联轴器对中尺寸允许偏差应符合设备技术文件的规定;当无规定时,应符合表 4.6.3 的规定。

表 4.6.3　机组联轴器对中尺寸允许偏差(mm)

转速 / 类型 / 项目	≤6 000r/min		>6 000r/min	
	径向	端面	径向	端面
齿式	0.08	0.04	0.05	0.03
弹性、膜式	0.06	0.03	0.04	0.02
刚式	0.04	0.02	0.03	0.01

注:表中数值为 180°千分表的读数差。

检验数量:全数检查。

检验方法:千分表测量或激光仪测量。

4.6.4 设备基础质量应符合本标准第 4.1.2 条和设计文件的规定,并应按照设计要求,提供基础沉降观测点的位置和记录沉降观测数值。

检验数量:全数检查。

检验方法:查阅交接验收记录或复验记录,水准仪、钢卷尺测量。

4.6.5 加压装置的气路系统、油路系统及水路系统等管道,其管口方位、进出口压力表、流量表、温度表、自控联锁仪表等安装应符合设计文件或设备技术文件的要求。

检验数量:全数检查。

检验方法:目测检查。

4.6.6 加压装置的温度计、压力表、安全阀等附件已经校验且在有效期内,标定值符合设计要求。报警联锁装置进行初步调试,灵敏可靠。

检验数量:全数检查。

检验方法:查阅安全附件的校验、定值记录。

4.6.7 加压装置进出口管道应保持无应力状态。

检验数量:全数检查。

检验方法:仪器测量(应力片,千分表平行度与同心度)。

4.6.8 加压装置试运行应符合设备技术文件与设计文件要求,并应符合下列规定:

1 装置试运转时的气路、油路、水路系统的温度、压力、流量等工艺参数,轴承或轴的振动值与轴承温度等机械性能参数及其他控制系统参数应符合设计文件和设备技术文件的规定。

2 电机的保护、控制、测量、信号等回路调试已完毕,运转正常。

3 机器运转平稳,无异常声响。润滑、密封、冷却等辅助系统工作正常,无渗漏。

4 压力表、安全阀、安全报警联锁系统及防喘振装置运行良好。

5 各类仪表仪器数据指示、传递正确,自动控制等系统运行安全可靠。噪声符合现行国家标准《声环境质量标准》GB 3096的规定。

检验数量:全数检查。

检验方法:目视检查,对照设计文件和设备技术文件查阅机器运行记录。

Ⅱ 一般项目

4.6.9 设备基础表面及地脚螺栓预留孔内无杂物、无油污和积水。二次灌浆前基础表面凿毛,二次灌浆料强度等级高于基础1～2级,灌浆层应捣实无裂纹。

检验数量:全数检查。

检验方法:目视检查。

4.6.10 设备基座下的安装垫铁的质量应符合本标准第4.1.4条的规定。转速超过3000r/min的机组,各块垫铁之间和垫铁与底座之间的接触面积不应小于接合面的70%,局部间隙不大于0.05mm。

检验数量:全数检查。

检验方法:目视检查,塞尺检查,查阅测量记录。

4.6.11 安装的地脚螺栓的质量应符合本标准第4.1.5条的要求。主机精平安装固定后,地脚螺栓、滑动键的间隙及膨胀方向应符合产品技术文件的要求。

检验数量:全数检查。

检验方法:目视检查,用扳手检查,直尺与塞尺测量。

4.6.12 加压装置附属设备和附件齐全,气路、油路、水路等管路内不得有异物,管道应畅通、布置整齐,不得对机器产生附加外力。

检验数量:全数检查。

检验方法:目视检查,查阅设备质量证明文件。

4.6.13 安全阀、压力表等安全附件应校验合格,安装方向正确、牢固可靠,位置朝向应便于观察、检查与维修,限位标记醒目。

检验数量:全数检查。

检验方法:目视检查。

4.6.14 加压装置基础的尺寸允许偏差应符合本标准表 4.1.3 的规定。

检验数量:全数检查。

检验方法:水准仪、钢尺测量。

4.6.15 加压装置离心压缩主机基座安装尺寸允许偏差应符合表 4.6.15 的规定。

表 4.6.15 主机基座安装尺寸允许偏差

项目		允许偏差(mm)	检验方法
定位基准线与安装基准线的标高		±1	水平仪测量
定位中心线与基座安装中心线		±2	钢卷尺、塞尺测量
基座与基准基座中心偏差		≤0.05	塞尺测量
基准机身设备水平度	纵向	≤0.05/1000	水平仪测量
	横向	≤0.10/1000	

注:非基准设备纵向水平度偏差应符合机器冷对中曲线要求,且偏差的方向应与转子扬度一致。

4.6.16 离心压缩机轴承间隙允许偏差应符合设备技术文件的规定;当无规定时,应符合下列规定:

1 止推轴承的轴向间隙为 0.25mm～0.60mm。

2 滑动轴承的径向间隙应符合表 4.6.16 的规定。

表 4.6.16　滑动轴承径向间隙(mm)

项次	名称	间隙值	
		顶间隙 a	侧间隙 b
1	圆筒形瓦	$(1.8\sim2.5)d$　‰	$0.5a$
2	椭圆形瓦	$(1.5\sim2.0)d$　‰	$(1.0\sim1.5)a$
3	多油楔圆瓦	$(1.5\sim1.9)d$　‰	—
4	可倾瓦	$(1.4\sim2.0)d$　‰	—

注:d 为轴承直径,单位为 mm。

检验数量:全数检查。

检验方法:塞尺、压铅法测量。

4.6.17　离心压缩机的各部位的密封间隙、压缩机配套的增速机与电动机的安装允许偏差应符合设备技术文件的要求。

检验数量:全数检查。

检验方法:塞尺、压铅法、水准仪测量。

4.7　加臭装置

Ⅰ　主控项目

4.7.1　加臭装置规格、型号、性能指标等应符合设计规定。

检验数量:全数检查。

检验方法:查阅设备质量证明文件,目视检查。

4.7.2　加臭装置中的贮槽、加臭泵(若有)、电加热器、调节阀、检测仪表、信号反馈等附件安装应正确、齐全,与各个加臭点的连接应完整、密封完好。

检验数量:全数检查。

检验方法:目视检查。

4.7.3　加臭装置的压力表、液位计等安全附件应经校验且在有效期内,标定值符合设计文件要求。

检验数量:全数检查。

检验方法:查阅安全附件的校验、定值记录。

4.7.4 设备地基基础质量应符合本标准第4.1.2条的规定。

检验数量:全数检查。

检验方法:查阅交接验收记录或复验记录。

4.7.5 加臭装置调试应符合设备技术文件和设计文件要求,并应符合下列规定:

1 加臭装置的出口压力、流量、流速、温度、加臭精度等工艺参数指标应符合设备技术文件和设计文件的要求,满足天然气运行功能的需要。

2 压力表、安全阀等安全保护系统运行安全可靠。

3 各类仪表仪器数据指示、信号传输正确,自动控制系统运行安全可靠。

4 对备用加臭泵和控制器进行切换调试,操作控制应准确,数据显示应正确。

5 检查臭剂储罐的活性炭吸附是否符合实际吸附要求,现场应无太大臭剂气味。

检验数量:全数检查。

检验方法:目视检查,查阅调试记录和测试报告。

Ⅱ 一般项目

4.7.6 加臭装置到各工艺设备加臭点的布管应符合设计文件的要求,管道安装符合现行国家标准《工业金属管道工程施工规范》GB 50235的要求,埋地管道铺设应有保护措施。

检验数量:全数检查。

检验方法:目视检查,查阅施工相关资料与记录。

4.7.7 设备基座下垫铁的安装质量应符合本标准第4.1.4条的要求。

检验数量:全数检查。

检验方法:目视检查,用手锤敲击检查,查阅测量记录。

4.7.8 安装的地脚螺栓的质量应符合本标准第4.1.5条的要求。

检验数量:全数检查。

检验方法:目视检查,用扳手检查,直尺与塞尺测量。

4.7.9 液位计安装应牢固、密封良好、位置便于观察。压力表应经校验合格、安装牢固可靠、方向正确,位置朝向应便于观察、检查与维修,限位标记醒目。

检验数量:全数检查。

检验方法:目视检查。

4.7.10 加臭装置基础的尺寸允许偏差应符合本标准表4.1.3的规定。

检验数量:全数检查。

检验方法:水准仪、钢卷尺测量。

4.7.11 加臭装置的安装尺寸允许偏差应符合表4.7.11的规定。

表4.7.11 加臭装置的安装尺寸允许偏差

项目		允许偏差(mm)	检验位置	检验方法
设备标高		±5	设备两端各1个点	水准仪测量
设备平面中心位移		5	设备纵横各1个点	钢卷尺测量
设备水平度	纵向	$L/1000$	设备纵向	水平仪或水准仪测量
	横向	$L'/1000$	设备横向	水平仪或水准仪测量

注:L 为设备的纵向边长,L' 为设备的横向边长,单位均为 mm。

4.8 清管器发送装置与清管器接收装置

I 主控项目

4.8.1 清管器发送装置与清管器接收装置的规格、型号、性能指标等应符合设计文件规定。

　　检验数量:全数检查。

　　检验方法:查阅设备质量证明文件,目视检查。

4.8.2　清管器发送装置与清管器接收装置的管口尺寸、压力显示、压差显示部件、过球指示仪以及快开盲板的安装方向等应符合设计文件的规定。

　　检验数量:全数检查。

　　检验方法:目视检查。

4.8.3　设备基础质量应符合本标准第 4.1.2 条的规定。

　　检验数量:全数检查。

　　检验方法:查阅交接验收记录或复验记录。

4.8.4　压力表、安全阀等安全附件已经校验且在有效期内,标定值应符合设计要求;快开盲板的联锁装置应通过初步调试。

　　检验数量:全数检查。

　　检验方法:查阅安全附件的校验记录、定值记录、调试记录。

Ⅱ　一般项目

4.8.5　清管器发送装置与清管器接收装置的排污坑砌筑应符合设计的要求,排污管的安装应符合现行国家标准《工业金属管道工程施工规范》GB 50235 的规定,排污阀门安装顺序应符合设计要求。

　　检验数量:全数检查。

　　检验方法:目视检查,查阅施工质量记录。

4.8.6　设备基座下的安装垫铁的质量应符合本标准第 4.1.4 条的要求。

　　检验数量:全数检查。

　　检验方法:目视检查,用手锤敲击检查,查阅验收单。

4.8.7　安装的地脚螺栓的质量应符合本标准第 4.1.5 条的规定。基座与底板应能够滑动,滑动量应根据安装环境与操作条件的温差确定。当外接管道安装完成后,固定侧的螺母应紧固均匀;滑动侧的螺母紧固后应松 0.5mm～1.0mm,螺栓应处于滑动腰型孔中位。

检验数量:全数检查。

检验方法:目视检查,用扳手检查,直尺与塞尺测量。

4.8.8 安全阀、压力表等安全附件安装应牢固可靠、方向正确,位置朝向应便于观察、排放、检查与维修,限位标记醒目。

检验数量:全数检查。

检验方法:目视检查。

4.8.9 清管器发送装置与清管器接收装置基础的尺寸允许偏差应符合本标准表 4.1.3 的规定。

检验数量:全数检查。

检验方法:水准仪、钢卷尺测量。

4.8.10 清管器发送装置与清管器接收装置的安装尺寸允许偏差应符合表 4.8.10 的规定。

表 4.8.10 清管器发送装置与清管器接收装置的安装尺寸允许偏差

项目		允许偏差(mm)	检验位置	检验方法
设备标高		±5	设备两端各 1 个点	水准仪测量
设备平面中心位移		5	设备纵横各 1 个点	钢卷尺测量
设备水平度	纵向	$L/1000$	设备纵向	水平仪或水准仪测量
	横向	$2D/1000$	设备横向	水平仪或水准仪测量

注:L 为两基座间的距离,D 为设备外径,单位均为 mm。

4.9 加热炉

Ⅰ 主控项目

4.9.1 加热炉的规格、型号、技术参数等指标应符合设计文件规定,并应有质量合格证。

检验数量:全数检查。

检验方法:查阅设备质量证明文件,目视检查。

4.9.2 加热炉的主体设备及配套设备、各类仪表等应安装正确、齐全完好。

检验数量:全数检查。

检验方法:目视检查,查阅施工记录。

4.9.3 设备基础质量应符合本标准第 4.1.2 条的规定。

检验数量:全数检查。

检验方法:查阅验收记录或复验记录。

4.9.4 压力表、安全阀等安全附件已经校验且在有效期内,标定值应符合设计要求并有校验合格铅封。

检验数量:全数检查。

检验方法:查阅安全附件的校验记录、定值记录。

4.9.5 地脚螺栓的规格和材质应符合设计要求。

检验数量:全数检查。

检验方法:目视检查,查阅质量证明文件。

4.9.6 加热炉的气路系统和水路系统等管口方位、进出口压力表、流量表、温度表、自控联锁仪表等安装应符合设计文件或设备技术文件的要求。

检验数量:全数检查。

检验方法:目视检查,查阅设备资料。

4.9.7 加热炉调试应符合设备技术文件和设计文件要求,并应符合下列规定:

1 调试前,加热炉本体及辅助设备安装已质量验收合格。

2 加热炉外部水、电、燃料已具备调试条件。

3 压力表、温度计、安全阀等安全保护系统运行可靠。

4 各类仪表仪器数据指示、信号传输正确,自动控制系统运行安全可靠。

5 加热炉应进行空载和负载测试。加热炉水温、天然气出口温度、负载调节性能等指标符合技术文件要求。

检验数量:全数检查。

检验方法:目视检查、查阅调试记录和测试报告。

Ⅱ　一般项目

4.9.8　加热炉整体保温层及防护层应完好无损,表面平整、光滑。

检验数量:全数检查。

检验方法:目视检查。

4.9.9　设备基座下的安装垫铁的质量应符合本标准第4.1.4条的要求。

检验数量:全数检查。

检验方法:目视检查,手锤敲击检查,查阅测量记录。

4.9.10　安装的地脚螺栓质量应符合本标准第4.1.5条的规定。基座与底板应能够滑动,滑动量应根据安装环境与操作条件的温差确定。当外接管道安装完成后,固定侧的螺母应紧固均匀;滑动侧的螺母紧固后应松0.5mm～1.0mm,螺栓应处于滑动腰型孔中位。

检验数量:全数检查。

检验方法:目视检查,用扳手检查,直尺与塞尺测量。

4.9.11　安全阀、压力表、温度计等仪表安装应牢固可靠、方向正确,位置朝向应便于观察、排放、检查与维修,限位标记醒目。

检验数量:全数检查。

检验方法:目视检查。

4.9.12　加热炉基础的尺寸允许偏差应符合本标准表4.1.3的规定。

检验数量:全数检查。

检验方法:水准仪、钢卷尺测量。

4.9.13　加热炉的安装尺寸允许偏差应符合表4.9.13的规定。

表 4.9.13　加热炉的安装尺寸允许偏差

项目		允许偏差(mm)	检验位置	检验方法
设备标高		±5	设备两端各 1 个点	水准仪测量
设备平面中心位移		5	设备纵横各 1 个点	钢卷尺测量
设备水平度	纵向	$L/1000$	设备纵向	水平仪或水准仪测量
	横向	$2D/1000$	设备横向	水平仪或水准仪测量
烟囱	垂直度	$H/1000$ 且不大于 10mm	烟囱垂直方向	水准仪、吊线坠测量
	烟囱法兰与支座法兰的倾斜度	1.5mm		经纬仪测量

注:L 为两基座间的距离,D 为设备外径,H 为烟囱的高度,单位均为 mm。

4.10　排污罐

Ⅰ　主控项目

4.10.1　排污罐设备规格、型号、性能指标等应符合设计文件规定。

检验数量:全数检查。

检验方法:查阅设备质量证明文件,目视检查。

4.10.2　排污罐的零部件数量齐全,密封良好,安装正确。排污罐设备进出管口安装方位及尺寸、检修孔大小等应符合设计文件的要求。

检验数量:全数检查。

检验方法:目视检查。

4.10.3　设备基础质量应符合本标准第 4.1.2 条的规定。

检验数量:全数检查。

检验方法:查阅交接验收记录或复验记录。

4.10.4 安全阀、压力表、液位计(若有)等安全附件已经校验且在有效期内,标定值应符合设计文件规定。检修孔螺栓固定可靠。

检验数量:全数检查。

检验方法:查阅安全附件的校验记录、定值记录。

Ⅱ 一般项目

4.10.5 排污罐放散高处阀门的操作平台与梯子安装位置合理、便于操作,平台护栏与梯子踏步连接牢固。

检验数量:全数检查。

检验方法:目视检查,用手锤敲击检查。

4.10.6 设备基座垫铁安装质量应符合本标准第 4.1.4 条的要求。

检验数量:全数检查。

检验方法:目视检查,用手锤敲击检查,查阅隐蔽验收单。

4.10.7 地脚螺栓安装质量应符合本标准第 4.1.5 条的要求。外接管道安装完成后,排污罐地脚螺栓固定侧螺母应紧固均匀;滑动侧的螺母紧固后应松 0.5mm～1.0mm,螺栓应处于滑动腰型孔中位。

检验数量:全数检查。

检验方法:目视检查,用扳手检查,直尺与塞尺测量。

4.10.8 安全阀、压力表等安全附件安装牢固、方向正确,并有校验合格铅封。压力表安装应朝向便于观察的位置。

检验数量:全数检查。

检验方法:目视检查。

4.10.9 排污罐基础的尺寸允许偏差应符合本标准表 4.1.3 的规定。

检验数量:全数检查。

检验方法:水准仪、钢尺测量。

4.10.10 排污罐的安装尺寸允许偏差应符合表 4.10.10 的规定。

表 4.10.10 排污罐的安装尺寸允许偏差

项目		允许偏差（mm）	检验位置	检验方法
设备标高		±5	两端各 1 个点	水准仪测量
平面中心位移		±5	纵横两端各 1 个点	钢卷尺测量
设备水平度	纵向	$L/1000$	两端 2 个点	水平仪或水准仪测量
	横向	$2D/1000$	两侧 2 个点	水平仪或水准仪测量
设备管口方位		±5	管口全数	钢卷尺测量

注：L 为两基座间的距离，D 为设备外径，单位均为 mm。

4.11 分析设备

I 主控项目

4.11.1 分析设备的规格、型号、技术参数等指标应符合设计文件规定并应有质量合格证。

检验数量：全数检查。

检验方法：查阅设备质量证明文件，目视检查。

4.11.2 分析设备的安装环境（温度、湿度）应符合设计规定和设备要求。

检验数量：全数检查。

检验方法：查阅设备质量证明文件，目视检查。

4.11.3 分析仪器的成套设备及载气瓶安装正确，齐全完好。

检验数量：全数检查。

检验方法：目视检查，查阅设备质量清单。

4.11.4 设备基础质量应符合本标准第 4.1.2 条的规定。

检验数量：全数检查。

检验方法：查阅交接验收记录或复验记录。

4.11.5 压力表、安全阀安全附件已经校验且在有效期内，标定值应符合设计要求并有校验合格铅封。

检验数量：全数检查。

检验方法：查阅安全附件的校验记录、定值记录。

4.11.6 地脚螺栓的规格和材质应符合设计要求。

检验数量：全数检查。

检验方法：目视检查，查阅质量证明文件。

4.11.7 分析设备调试应符合设备技术文件和设计文件要求，并应符合下列规定：

1 调试前，分析设备安装已质量验收合格，载气齐全。

2 分析设备外部连接管道已验收合格，标识完整。

3 各类仪表仪器数据指示、信号传输正确，自动控制系统运行安全可靠。

4 分析设备调试流程严格按照厂家的调试方案执行。

检验数量：全数检查。

检验方法：目视检查、查阅调试方案和调试记录。

Ⅱ 一般项目

4.11.8 分析设备室外分析小屋应完好无损，表面平整、光滑。

检验数量：全数检查。

检验方法：目视检查。

4.11.9 分析小屋空调安装高度和位置应符合设计要求和整体设备规定。

检验数量：全数检查。

检验方法：目视检查。

4.11.10 安装的地脚螺栓的质量应符合本标准第4.1.5条的规定。

检验数量：全数检查。

检验方法：目视检查，用扳手检查，直尺与塞尺测量。

4.11.11 分析小屋开门方向正确,便于操作。

检验数量:全数检查。

检验方法:目视检查。

4.11.12 分析设备基础的尺寸允许偏差应符合本标准表 4.1.3 的规定。

检验数量:全数检查。

检验方法:水准仪、钢卷尺测量。

4.11.13 分析设备的安装尺寸允许偏差应符合表 4.11.13 的规定。

表 4.11.13 分析设备的安装尺寸允许偏差

项目	允许偏差(mm)	检查位置	检验方法
设备标高	±5	分析小屋四角各 1 个点	水准仪测量
设备平面中心位移	5	纵横两端各 1 个点	钢卷尺测量
设备水平度	$L/1000$	两端 2 个点	水平仪或水准仪测量
设备垂直度	$h/1000$,且≤5	相隔 90°,4 个点	重锤吊线或经纬仪测量

注:L 为设备的纵向边长,h 为设备高度,单位均为 mm。

5 液化天然气储罐工程

5.1 一般规定

5.1.1 本章适用于储存液化天然气的单容罐(压力罐)和预应力混凝土的全容罐(常压罐)、罐内绝热层、泄放装置、火炬等工艺设备、附件及附属设施的施工质量验收。

5.1.2 预应力混凝土次储罐(以下简称混凝土外罐)的模板、钢筋、混凝土、预应力工程施工质量验收除执行本章第5.2节的规定外，还应符合现行国家标准《混凝土结构工程施工质量验收规范》GB 50204及设计文件的规定。混凝土外罐有低温要求的,应按照现行国家标准《低温环境混凝土应用技术规范》GB 51081执行。

5.1.3 钢结构件(包括罐顶钢梁、罐顶衬板、外罐内壁衬板、外罐底衬板、承压圈、铝合金吊顶、预埋件、环形轨道、钢平台支架、接管及栓钉等)工程施工质量验收除执行本章第5.3节的规定外,还应符合现行国家标准《钢结构工程施工质量验收规范》GB 50205和设计文件的规定。

5.1.4 低温钢内罐工程施工质量验收除执行本章第5.4～5.6节的规定外,还应符合现行国家标准《石油化工钢制低温储罐技术规范》GB/T 50938、《立式圆筒形钢制焊接储罐施工规范》GB 50128及现行行业标准《立式圆筒形低温储罐施工技术规程》SH/T 3537和设计文件的规定。

5.1.5 火炬及火炬塔架工程施工质量验收除执行本章第5.9节的规定外,还应符合现行国家标准《钢结构工程施工质量验收规范》GB 50205、现行行业标准《石油化工钢结构工程施工质量验收规范》SH/T 3507和设计文件的规定。

5.1.6 罐内绝热层工程施工质量验收除执行本章第5.7节的规定外,还应符合现行国家标准《石油化工绝热工程施工质量验收规范》GB 50645 和设计文件的规定。

5.1.7 罐内管道系统、仪表系统工程施工质量验收应按本标准第 7 章、第 9 章的相关规定进行验收。

5.1.8 混凝土外罐、低温钢内罐、火炬塔架应可靠接地,接地电阻值测试符合相关规范的规定或设计文件要求。

5.1.9 单容罐质量应符合现行国家标准《固定式真空绝热生冷压力容器》GB/T 18442 和设计文件的规定。

5.2 钢筋混凝土外罐尺寸复查

5.2.1 基础中心标高和表面平整度应符合下列规定:

1 基础中心标高允许偏差为±20mm。

2 钢内罐壁板下方基础平整度或支撑环梁平整度,在10 000mm弧长范围内任意两点的高差不大于 6mm,在圆周长度范围内任意两点的高差不大于 12mm。

5.2.2 预埋锚固件或地脚螺栓应符合下列规定:

1 间距的允许偏差为±15mm。

2 圆周半径的允许偏差为±15mm。

3 外露高度的允许偏差为 0mm～+20mm。

5.2.3 钢筋混凝土外罐结构允许偏差应符合表 5.2.3 的规定。

表 5.2.3 外罐结构允许偏差和检验方法

项　目		允许偏差(mm)	检验方法
坐标、中心位置		15	经纬仪、钢尺测量
垂直度	施工段层高	5	经纬仪或吊线、钢尺测量
	全高	20	经纬仪、钢尺测量
截面尺寸		+8～-5	钢尺测量

续表 5.2.3

项 目		允许偏差(mm)	检验方法
标高	基础底板	±10	水准仪、钢尺测量
	罐壁顶	±30	水准仪、钢尺测量
预留孔	中心位置	15	钢卷尺测量
	开孔尺寸	0~+10	钢卷尺测量
表面平整度		5	2m靠尺和塞尺测量
预埋设施 中心线位置	预埋件	10	钢卷尺测量
	预埋螺栓	2	钢卷尺测量
	预埋管	5	钢卷尺测量
	预埋板内凹	5	钢卷尺测量
圆度	罐壁底	±30	全站仪测量
	罐壁顶	±50	全站仪测量

注:检查坐标、中心线位置,应沿纵横两个方向测量,并取其中的较大值。

5.2.4 钢筋混凝土外罐的裂缝控制应满足设计文件的规定,且不应大于 0.3mm。

5.3 钢结构件预制安装

Ⅰ 主控项目

5.3.1 钢材、焊接材料、防腐材料及紧固件等的品种、规格、性能应符合产品标准和设计要求。进口钢材的产品质量应符合合同规定,并按现行国家标准《钢结构工程施工质量验收规范》GB 50205 的要求进行抽样复验。

检验数量:全数检查。

检验方法:查阅质量合格证明文件及复验报告。

5.3.2 焊工应按照现行国家标准《钢结构焊接规范》GB 50661 进行考试,考试合格并取得合格证书,且在考试合格项目及其认可范围内施焊。

检验数量:全数检查。

检验方法:目视检查,查阅焊工合格证书及其认可范围。

5.3.3 施工单位首次使用的钢材、焊接材料、焊接方法、焊后热处理等应进行焊接工艺评定,并根据焊接工艺评定报告确定焊接工艺规程。

检验数量:全数检查。

检验方法:查阅焊接工艺评定材料与产品的一致性。

5.3.4 设计要求全焊透的一、二级焊缝应采用超声波或射线进行内部缺陷的检验,一、二级焊缝质量等级及探伤比例按现行国家标准《钢结构工程施工质量验收规范》GB 50205 执行,内部缺陷分级及探伤方法应符合现行国家标准《焊缝无损检测 超声检测技术、检测等级和评定》GB/T 11345 或《金属熔化焊焊接接头射线照相》GB/T 3323 的规定。

检验数量:全数检查。

检验方法:查阅试验报告,试验结果应合格。

5.3.5 焊缝表面不得有裂纹、焊瘤等缺陷,一、二级焊缝不得有表面气孔、夹渣、弧坑裂纹、电弧擦伤等缺陷,且一级焊缝不得有咬边、未焊满、根部收缩等缺陷。

检验数量:全数检查。

检验方法:目视检查。

5.3.6 栓钉焊接后应按照现行行业标准《栓钉焊接技术规程》CECS 226 进行弯曲试验,其焊缝和热影响区不应有肉眼可见的裂纹。

检验数量:全数检查。

检验方法:栓钉弯曲 30°后检查焊接接头和栓钉是否失效。

5.3.7 罐顶衬板、外罐内壁衬板、承压圈、罐底衬板等连接焊缝应按现行国家标准《石油化工钢制低温储罐技术规范》GB/T 50938 中表 8.6.4-1 及设计要求进行真空箱试漏,其试验真空度应符合设计要求。

检验数量:全数检查。

检验方法:检查肥皂水发泡能力、真空度、焊缝表面洁净度及焊缝严密度,试验结果应合格。

5.3.8 罐顶接管与罐顶板或罐顶接管与补强板的角焊缝等应按现行国家标准《石油化工钢制低温储罐技术规范》GB/T 50938 中表 8.6.4-1 及设计要求进行渗透检测。

检验数量:全数检查。

检验方法:目视检查。

5.3.9 所有构件预制应平整、无明显变形、切割边光滑、无毛刺。

检验数量:全数检查。

检验方法:目视检查。

5.3.10 焊缝观感应达到:外形均匀、成型较好,焊道与焊道、焊道与基本金属之间过渡较平滑,焊道飞溅物基本清除干净。

检验数量:全数检查。

检验方法:目视检查。

Ⅱ 一般项目

5.3.11 承压圈预制尺寸允许偏差应符合表 5.3.11 的规定,间隙不得超过 3mm。

表 5.3.11 承压圈预制尺寸允许偏差

项 目	允许偏差(mm)	检验数量	检验方法
宽度(W_1,W_2)	±2		钢卷尺测量
长度(L_1,L_2)	±2		钢卷尺测量
装配角 θ	±2°	全数检查	角度样板测量
弧形板曲率	±3		1.5m 弧形样板测量
扇形板曲率	±3		1.5m 弧形样板测量

5.3.12 罐顶梁型钢预制尺寸允许偏差应符合表 5.3.12 的规定。

表 5.3.12　罐顶梁型钢预制尺寸允许偏差

项　目	允许偏差(mm)	检验数量	检验方法
长度	±3.0	抽查 10%	钢卷尺测量
翘曲变形	长度的 0.1%,且不大于 6mm		1.5m 样板测量
曲率	±3.0		1.5m 样板测量
螺栓孔位置	±1.0		钢卷尺测量

5.3.13 罐顶板预制尺寸允许偏差应符合表 5.3.13 的规定。

表 5.3.13　罐顶板预制尺寸允许偏差

项　目	允许偏差(mm)	检验数量	检验方法
长度(AB,CD)	+3.0,−2.0	抽查 10%	钢卷尺测量
宽度(AC,BD)	+3.0,−2.0		钢卷尺测量
对角线之差（$\mid AD-BC\mid$）	5.0		钢卷尺测量

5.3.14 罐顶梁按划好的等分线,对称组装,允许偏差应符合表 5.3.14 的规定。

表 5.3.14　罐顶梁组装允许偏差

项　目		允许偏差(mm)	检验数量	检验方法
对接焊缝对口间隙	纵缝	0~4	全数检查	焊缝量规测量
	环缝	0~4		焊缝量规测量
对接焊缝对口错边量		≤2		焊缝量规测量
对接焊缝对口棱角		≤6		1m 弧形样板测量
主椽弦长		≤3		钢卷尺测量
主椽半径拼装尺寸		≤2		钢卷尺测量

5.3.15 罐顶板组装允许偏差应符合表 5.3.15 的规定。

表 5.3.15　罐顶板组装允许偏差

项　　目	允许偏差（mm）	检验数量	检验方法
半径	＋10	每 5m 测 1 个点	钢卷尺测量
搭接量	＋5	每 1m 测 1 个点	钢卷尺测量

5.3.16 铝合金内悬挂顶组装允许偏差应符合表 5.3.16 的规定。

表 5.3.16　铝合金内悬挂顶组装允许偏差

项　　目	允许偏差（mm）	检验数量	检验方法
半径	＋10	每 5m 测 1 个点	钢卷尺测量
吊顶与内罐高度差	±15	每 5m 测 1 个点	钢卷尺测量
搭接量	＋5	每 1m 测 1 个点	钢卷尺测量

5.3.17 环形轨道组装允许偏差应符合表 5.3.17 的规定。

表 5.3.17　环形轨道组装允许偏差

项　　目	允许偏差（mm）	检验数量	检验方法
对口棱角	±2	每 1m 测 1 个点	2m 弧形样板测量
直径	＋25	8 个点	钢卷尺测量
水平度	＋10	全数	水准仪测量

5.3.18 接管组装允许偏差应符合表 5.3.18 的规定。

表 5.3.18　接管组装允许偏差

项　　目	允许偏差（mm）	检验数量	检验方法
中心位置	≤10		钢卷尺测量
外伸长度	±5	全数检查	钢卷尺测量
法兰面水平度	≤d/100 且≤3		钢尺、水平仪测量

注：d 为法兰外径，单位为 mm。

5.3.19 承压圈组装允许偏差应符合表 5.3.19 的规定。

表 5.3.19 承压圈组装允许偏差

项 目	允许偏差（mm）	检验数量	检验方法
主板垂直度	±4	每块板检查	线垂、钢尺测量
扇形板角变形	±6	每 1m 测 1 个点	1m 弧形样板测量
上口水平度	±10	每 5m 测 1 个点	全站仪测量
半径	±25	每 5m 测 1 个点	全站仪测量
主板横板长度	±2	全数检查	钢卷尺测量
主板横板宽度	±5	全数检查	钢卷尺测量

5.3.20 内衬板与预埋件组装质量应符合下列规定：

1 内衬板与预埋件组装后钢板表面不得有明显损伤、锤痕和凹凸不平,焊疤应清除干净。

检验数量:抽查 10%。

检验方法:目视检查。

2 内衬壁板组装允许偏差应符合表 5.3.20 的规定。

表 5.3.20 内衬壁板组装允许偏差

	项 目	允许偏差（mm）	检验数量	检验方法
组装	1 搭接宽度	0～+20	每 1m 测 1 个点	钢卷尺测量
	2 垂直度	10	测每块板中心线	全站仪测量
	3 水平度	±10	每块板测 2 个点	全站仪测量

5.3.21 钢平台、钢支架等储罐附件安装允许偏差应符合表 5.3.21 的规定。

表 5.3.21 钢平台、钢支架等储罐附件安装允许偏差

项 目		允许偏差(mm)	检验数量	检验方法
组装	平台高度	±15	按构件种类及件数各抽查10%,但每种不少于3件	水准仪测量
	平台架水平度	$L/1000$ 且≤20		水准仪检查测量
	平台支柱垂直度	$L/1000$ 且≤15		吊线、钢尺测量
	承重平台梁侧向弯曲	$L/1000$ 且≤10		拉线和钢尺测量
	承重平台垂直度	$L/1000$ 且≤15		吊线和钢尺测量
	直梯垂直度	$L/1000$ 且≤15		吊线和钢尺测量
	栏杆高度	±15		钢卷尺测量
	栏杆立柱间距	±15		钢卷尺测量
	栏杆立柱垂直度	$4H/1000$ 且≤5		吊线、钢尺测量
焊缝外观尺寸	对接焊缝 咬边深度	≤0.5	焊缝总长度的10%,每500mm测3个点	焊缝量规测量
	对接焊缝 咬边连续长度	≤100		钢卷尺测量
	对接焊缝 两侧咬边总长度	≤焊缝长度的10%		钢卷尺测量
	对接焊缝 焊缝余高	δ≤12 时,≤2		焊缝量规测量
	角焊缝 焊脚尺寸	h_f≤6 时,0~1.5		焊缝量规测量
		h_f>6 时,0~3		
	角焊缝 焊缝余高	h_f≤6 时,0~1.5		焊缝量规测量
		h_f>6 时,0~3		

注:δ 为构件壁厚,H 为设计高度,L 为构件长度,h_f 为缝脚尺寸,单位均为 mm。

5.4 9%Ni 钢内罐与热角保护板预制

I 主控项目

5.4.1 9%Ni 钢板应有质量证明文件,其品种、规格及特性数据等应符合现行国家产品标准和设计要求。质量证明书应标明钢号、规格、化学成分、力学性能、低温冲击韧性值、供货状态及材料制造标准,进口钢材的质量应符合设计和合同规定的要求。低温

钢材应按有关规定对化学成分、力学性能、低温冲击韧性进行复验。

　　检验数量:全数检查。

　　检验方法:检查质量合格证明文件及复验报告。

5.4.2 9‰Ni 钢板应逐张进行外观质量检验,表面不得有裂纹、气泡、折叠、夹渣、结疤、分层、机械损伤和压入氧化铁,表面局部减薄量与钢板实际负偏差之和,不应大于设计允许的钢板负偏差值。

　　检验数量:全数检查。

　　检验方法:目视检查和超声波测厚仪检查。

5.4.3 9‰Ni 钢板应避免磁化,焊接坡口剩磁量不应超过 50Gs。

　　检验数量:抽查 10%。

　　检验方法:用剩磁仪检测。

5.4.4 内罐与热角保护板其罐底和罐壁排板尺寸,应符合设计要求和现行国家标准《石油化工钢制低温储罐技术规范》GB/T 50938 的规定。

　　检验数量:全数检查。

　　检验方法:测量检查。

5.4.5 9‰Ni 钢板四周边缘应打磨出金属光泽,不应有氧化物和分层,坡口宜机械加工。

　　检验数量:全数检查。

　　检验方法:目视检查。

Ⅱ　一般项目

5.4.6 内罐壁板预制应符合下列规定:

　　1 内罐壁板预制尺寸允许偏差应符合表 5.4.6-1 的规定。

表 5.4.6-1　内罐壁板预制尺寸允许偏差

项　目	允许偏差(mm)		检验数量	检验方法
	板长≥10m	板长<10m		
宽度(AC,EF,BD)	±1.5	±1		钢卷尺测量
长度(AB,CD)	±2	±1.5		钢卷尺测量
对角线之差(｜AD－BC｜)	≤3	≤2		钢卷尺测量
曲率	$E≤4.0$		全数检查	1.5m曲率样板测量
垂直方向曲线变形	$E≤2.0$			1m直线样板测量
直线度	AC,BD	≤1		拉线测量
	AB,CD	≤2		拉线测量

2　内罐壁板预制坡口加工尺寸允许偏差应符合表 5.4.6-2 的规定。

表 5.4.6-2　内罐壁板预制坡口加工尺寸允许偏差

类型	允许偏差			检验数量	检验方法
	α	p	h		
V 型	±2.5°	±1.5mm	—	全数检查	焊缝量规测量
X 型	±2.5°	±1.5mm	±1.5mm		

5.4.7　罐底边缘板及中幅板预制应符合下列规定:

1　边缘板尺寸允许偏差应符合表 5.4.7-1 的规定。

表 5.4.7-1　边缘板尺寸允许偏差

项　目	允许偏差值(mm)	检验数量	检验方法
长度(AB,CD)	±2		
宽度(AC,BD,EF)	±2	全数检查	钢卷尺测量
对角线之差(｜AD－BC｜)	≤3		

2 中幅板尺寸允许偏差应符合表 5.4.7-2 的规定。

表 5.4.7-2　中幅板尺寸允许偏差

项　目		中幅板搭接	中幅板对接（mm）		检验数量	检验方法
			$AB(CD)$ ≥10 000	$AB(CD)$ <10 000		
宽度（AC,BD,EF）		±1.5	±1.5	±1	全数检查	钢卷尺测量
长度（AB,CD）		±2	±2	±1.5		
对角线之差（｜$AD-BC$｜）		3	3	2		
直线度	AC,BD	≤1	≤1	≤1 ·		
	AB,CD	≤3	≤2	≤2		

5.5　9%Ni 钢内罐与热角保护板组装

Ⅰ　主控项目

5.5.1 罐底组装焊接应采取焊接防变形措施和合理的焊接顺序控制底板焊后变形。罐底焊后局部凸凹变形的高度,不应大于变形长度的 2%,且不大于 50mm。

检验数量:全数检查。

检验方法:目视检查和测量检查。

5.5.2 内罐壁纵缝、环缝最大错边量应符合表 5.5.2 的规定。

表 5.5.2　内罐壁纵缝、环缝最大错边量

焊缝	板厚	最大错边量（mm）	检验数量	检验方法
纵缝	δ≤10	≤1	每 1m 测 1 个点	焊缝量规测量
	δ>10	≤δ/10,且<1.5		
	采用自动焊	≤1		
环缝	上圈厚 δ≤8	≤1.5		
	上圈厚 δ>8	≤δ/5且<2		
	采用自动焊	≤1.5		

5.5.3 内罐底圈壁板与罐底组装焊接后,应在每张壁板距底板300mm 高度的中点位置沿水平方向测量半径,底圈半径允许偏差应符合表 5.5.3 的规定。

表 5.5.3 底圈半径允许偏差

储罐直径(m)	半径允许偏差(mm)
$D{\leqslant}12$	± 12
$12{<}D{\leqslant}46$	± 19
$46{<}D{\leqslant}76$	± 25
$D{>}76$	± 30

检验数量:每块壁板径向测量 1 组(8 个点)数据。

检验方法:全站仪测量检查。

5.5.4 内罐罐壁任意高度处最大直径与最小直径的差值,不应超过直径的 1‰和 300mm 二者的较小值。

检验数量:每块壁板径向测量 1 组数据。

检验方法:测量检查。

5.5.5 内罐焊缝角变形允许值应符合表 5.5.5 的规定。

表 5.5.5 内罐焊缝角变形允许值

板厚(mm)	角变形允许值(mm)
$\delta{\leqslant}12.5$	$\leqslant 12$
$12.5{<}\delta{\leqslant}25$	$\leqslant 9$
$\delta{>}25$	$\leqslant 6$

检验数量:每 1m 测 1 个点。

检验方法:1m 弧形样板测量检查。

5.5.6 内罐单层壁板垂直度和储罐总体垂直度均为壁板高度的0.4‰,最大不得超过 50mm,底圈壁板垂直度最大不得超过 3mm。

检验数量:每块壁板径向测量 1 组(8 个点)数据。

检验方法:全站仪测量检查。

Ⅱ 一般项目

5.5.7 热角保护壁板及第二底板组装允许偏差应符合表 5.5.7 的规定。

表 5.5.7 热角保护壁板及第二底板组装允许偏差

<table>
<tr><th colspan="2">项 目</th><th>允许偏差(mm)</th><th>检验数量</th><th>检验方法</th></tr>
<tr><td rowspan="3">热角保护壁板</td><td>与垫板间隙</td><td>≤1</td><td>每 1m 测 1 个点</td><td>塞尺测量</td></tr>
<tr><td>半径偏差</td><td>±10</td><td>每 5m 测 1 个点</td><td>钢卷尺测量</td></tr>
<tr><td>水平度</td><td>±10</td><td>每 5m 测 1 个点</td><td>水准仪测量</td></tr>
<tr><td rowspan="8">第二底板</td><td rowspan="6">边缘板</td><td>对接焊缝间隙</td><td>±1</td><td>每 1m 测 1 个点</td><td>塞尺测量</td></tr>
<tr><td>与垫板间隙</td><td>≤1</td><td>每 1m 测 1 个点</td><td>塞尺测量</td></tr>
<tr><td>对接焊缝错边量</td><td>$\delta \leqslant 10$ 时,≤1
$\delta > 10$ 时,$\delta/10$ 且≤1.5</td><td>每 1m 测 1 个点</td><td>焊缝量规测量</td></tr>
<tr><td>相邻两板高低差</td><td>±3</td><td>全数检查</td><td>全站仪测量</td></tr>
<tr><td>任意两板高低差</td><td>±6</td><td>全数检查</td><td>全站仪测量</td></tr>
<tr><td>半径偏差</td><td>±10</td><td>每 5m 测 1 个点</td><td>全站仪测量</td></tr>
<tr><td rowspan="2">中幅板</td><td>搭接宽度</td><td>±5</td><td rowspan="2">每 1m 测 1 个点</td><td>钢卷尺测量</td></tr>
<tr><td>搭接间隙</td><td>≤1</td><td>塞尺测量</td></tr>
</table>

注:δ 为钢板厚度,单位为 mm。

5.5.8 内罐壁板及底板组装允许偏差应符合表 5.5.8 的规定。

表 5.5.8 内罐壁板及底板组装允许偏差

<table>
<tr><th colspan="2">项 目</th><th>允许偏差(mm)</th><th>检验数量</th><th>检验方法</th></tr>
<tr><td rowspan="3">底圈壁板</td><td>相邻两板上口水平度</td><td>≤2</td><td>每块板测 2 个点</td><td>全站仪测量</td></tr>
<tr><td>圆周上任意两点水平差</td><td>≤6</td><td rowspan="2">全数检查</td><td>全站仪测量</td></tr>
<tr><td rowspan="2">垂直度</td><td rowspan="2">≤3</td><td>全站仪测量</td></tr>
<tr><td>线锤、钢直尺测量</td></tr>
</table>

项　目			允许偏差(mm)	检验数量	检验方法
壁板组对间隙	纵向接头	$\delta \leq 9$	±1	每1m测1个点	焊缝量规测量
		$9 < \delta \leq 12$	0～1		
		$12 < \delta \leq 38$			
	环向接头	手工焊 $\delta \leq 9$	±1		
		$9 < \delta \leq 12$	0～1		
		$12 < \delta \leq 38$			
		埋弧焊 $12 < \delta \leq 20$	0～1		
		$20 < \delta \leq 38$	0～1		
内罐底板	边缘板	对接接头间隙	±1	每0.5m测1个点	焊缝量规测量
		对接接头错边量	$\delta \leq 10$ 时,≤1; $\delta > 10$ 时,$\delta/10$ 且≤1.5		
		相邻两板高低差	±3	全数检查	全站仪测量
		任意位置高低差	±6	全数检查	全站仪测量
		半径偏差	±10	每5m测1个点	全站仪测量
	中幅板	搭接宽度	±5	每1m测1个点	钢卷尺测量
		搭接间隙	≤1		塞尺测量
焊后罐体几何尺寸	罐壁高度		$5H/1000$	测量8个点	全站仪测量
	罐壁局部凹凸变形 $\delta \leq 25$		≤13	不少于20处	弦长2m弧形样板及1m直线样板测量
	$\delta > 25$		≤10		

注:δ 为钢板厚度,H 为设计高度,单位均为 mm。

5.6 9%Ni 钢内罐及热角保护板焊接

Ⅰ 主控项目

5.6.1 焊接材料的品种、规格、性能等应符合现行国家产品标准和设计要求。质量应符合设计和合同规定的要求。低温焊接材料还应按照现行国家标准《石油化工钢制低温储罐技术规范》GB/T 50938 进行复验。

检验数量:全数检查。

检验方法:查阅质量合格证明文件及复验报告。

5.6.2 焊工必须按国家特种设备操作人员的规定考试合格并取得合格证书。持证焊工必须在其考试合格项目及其认可范围内施焊。

检验数量:全数检查。

检验方法:查阅焊工合格证书及其认可范围。

5.6.3 施工单位对采用的低温钢材、焊接材料、焊接方法、焊后热处理等应按现行行业标准《承压设备焊接工艺评定》NB/T 47014 或设计规定进行焊接工艺评定,并应根据评定报告确定焊接工艺规程。低温钢材焊接工艺评定还应包括焊接熔敷金属和热影响区低温冲击试验,其冲击功要求符合设计规定。

检验数量:全数检查。

检验方法:查阅焊接工艺评定报告和焊接工艺规程。

5.6.4 内罐和热角保护板焊接工艺评定使用的低温钢材应与产品使用的钢材同一钢厂、相同制造工艺生产;若发生变化时,应重新进行焊接工艺评定。

检验数量:全数检查。

检验方法:查阅焊接工艺评定材料与产品的一致性。

5.6.5 内罐焊缝(包括:内罐底板的搭接焊缝及对接焊缝、内罐壁板与底边缘板大角焊缝、内罐壁板试压水位线以上对接焊缝,以及热角保护壁板和二次底板焊缝等)应按现行国家标准《石油化工钢制低温储罐技术规范》GB/T 50938 和设计要求进行真空箱试漏,其试验真空度应符合设计要求。在内罐水压试验后,其内罐底板应重复进行一次真空箱试漏。

检验数量:全数检查。

检验方法:检查肥皂水发泡能力、真空度、焊缝表面洁净度及焊缝严密度,试验结果应合格。

5.6.6 内罐的罐壁应按现行国家标准《石油化工钢制低温储罐技术规范》GB/T 50938 第 8.5.6 条规定及设计要求制作产品试板,并按规定进行焊接和试验。

检验数量:全数检查。

检验方法:检查产品试板试验报告,试验结果应合格。

5.6.7 内罐焊缝应进行无损检测,检测要求应符合设计文件规定和相关规范要求。

检验数量:全数检查。

检验方法:查阅试验报告,试验结果应合格。

5.6.8 焊缝表面应无咬边、裂纹、气孔、夹渣、弧坑及其他缺陷;焊缝金属及母材之间的接头应完全熔合;焊缝边缘与同表面平滑相接,没有锐角。

检验数量:全数检查。

检验方法:目视检查。

Ⅱ 一般项目

5.6.9 焊接坡口表面、坡口两侧及搭接部分应清洁、干燥。

检验数量:全数检查。

检验方法:目视检查。

5.6.10 焊缝尺寸允许偏差应符合表 5.6.10 的规定。

表 5.6.10 9%Ni 钢内罐及热角保护壁板焊缝允许偏差

项　目			允许偏差(mm)		检验数量	检验方法
热角保护壁板焊缝	焊缝咬边		不允许		全数检查	目视检查
	角焊缝焊角尺寸		符合设计规定		每 500mm 测 1 个点	焊缝量规测量
	对接焊缝余高	板厚	纵向	环向	每 500mm 测 1 个点	焊缝量规测量
		$\delta \leqslant 12$	$\leqslant 1.5$	$\leqslant 2$		
		$25.4 > \delta > 12.7$	$\leqslant 2.5$	$\leqslant 3$		
		$\delta > 25$	$\leqslant 3.0$	$\leqslant 3.5$		
	焊缝凹陷		不允许		全数检查	焊缝量规测量
底板焊缝	搭接焊缝	焊缝咬边	不允许		全数检查	目视检查
		角焊缝余高	$h \leqslant 6$	$0 \sim 1.5$	每 500mm 测 1 个点	焊缝量规测量
			$h > 6$	$0 \sim 3$		
		角焊缝尺寸	符合设计规定			
	对接焊缝余高		符合设计规定		每 500mm 测 1 个点	焊缝量规测量
	焊缝凹陷		不允许		全数检查	焊缝量规测量

注:δ 为钢板厚度,h 为焊缝高度。

5.6.11 焊缝观感应达到:外形均匀、成型较好,焊道与焊道、焊道与基本金属之间过渡较平滑,焊道飞溅物基本清除干净。

检验数量:全数检查。

检验方法:目视检查。

5.7　保冷层

Ⅰ　主控项目

5.7.1 保冷材料类型、规格及各项性能指标应符合设计文件规定。

检验数量:全数检查。

检验方法:查阅质量证明文件、试验报告和复验报告。

5.7.2 罐底保冷层厚度及保冷层总高度应符合设计要求,各层保冷块应紧密排列,相邻间的间隙应符合设计要求,相邻两层保冷块应相互跨中交错铺设。罐底置换管的安装应符合设计要求。

检验数量:保冷层抽查 10%;置换管全数检查。

检验方法:目视检查,对照设计文件检查。

5.7.3 热角保护区壁板保冷结构层及保冷块厚度应符合设计要求,其两层相邻保冷块应相互交错铺贴,各圈相邻保冷块相互居中交错铺贴,相邻保冷块之间应用胶水粘接。置换管安装应符合设计要求。

检验数量:保冷层抽查 10%;置换管全数检查。

检验方法:目视检查,对照设计文件检查。

5.7.4 内罐外壁保冷结构层及玻璃纤维弹性毡厚度应符合设计要求,保冷钉粘接应正确、牢固,保冷钉位置、间距及罐顶夹持装置的安装应正确,玻璃纤维弹性毡挂贴铺设及外层钢丝绑扎应符合设计要求。

检验数量:抽查 10%。

检验方法:目视检查,手掰或手拉检查。

5.7.5 吊顶保冷玻璃纤维毯铺设层数及总高度应符合设计要求,相邻两层的接缝应错缝,最顶层应覆盖一层铝箔并向下延伸至吊顶板。

检验数量:全数检查。

检验方法:目视检查,检查施工记录。

5.7.6 罐内管道绝热层厚度应符合设计规定。

检验数量:全数检查。

检验方法:查阅施工记录。

5.7.7 现场珠光砂发泡充填施工前及过程中应对产品的松散密度、振实密度、粒度级配、含水量和导热系数进行检测,各项技术参数应符合产品标准和设计要求,充填高度应符合设计要求。

检验数量:松散密度每 2 小时检测 1 次;振实密度每 8 小时检

测 1 次;粒度级配每 8 小时检测 1 次;含水量每天检测 1 次;导热系数充填前和过程中进行检测,共不少于 2 次。

检验方法:查阅试验报告。

Ⅱ 一般项目

5.7.8 罐底保冷允许偏差应符合表 5.7.8 的规定。

表 5.7.8 罐底保冷允许偏差

项 目	允许偏差(mm)	检验数量	检验方法
混凝土找平层	水平度: 9m 距离内:±3 整个圆周:±6	全数检查	水准仪测量
混凝土环梁	水平度: 9m 距离内:±3 整个圆周:±6		水准仪测量
珍珠岩混凝土块	块间间隙、块间填充 符合设计要求		钢卷尺测量
干砂平整度	底层 2m 内≤3 最上层 3m 内≤3	抽查 10%	水平仪或水准仪测量
泡沫玻璃砖铺设	砖错缝:砖宽的 1/3 平整度:2m 内≤±3 对接间隙≤2		钢卷尺、水平仪、 水准仪测量
防潮层	不小于设计值		钢卷尺测量
玻璃布	不小于设计值		钢卷尺测量
保冷层表面标高差	任意两点高差≤12		水准仪测量

5.7.9 罐壁玻璃纤维弹性毡应绑扎固定牢固,玻璃布搭接宽度及接缝密封应符合设计文件规定。

检验数量:抽查 10%。

检验方法:目视检查和钢尺检查。

5.7.10 罐内管线保冷玻璃纤维毯对接接缝应紧密;保冷层应分层包扎,层间接缝应错开;穿越外罐顶的管线,管线与套管之间应用保冷材料填实包扎;穿越悬挂顶的管线,管线与悬挂顶之间的缝隙应用玻璃布包扎。

检验数量:全数检查。

检验方法:目视检查。

5.7.11 膨胀珍珠岩分层填充、振实。

检验数量:抽查 10%。

检验方法:目视检查。

5.8 泄放装置

Ⅰ 主控项目

5.8.1 安全阀、真空阀及组件的规格、材质、型号应符合设计文件规定。

检验数量:全数检查。

检验方法:查阅设计文件。

5.8.2 安全阀、真空阀应进行现场校验,其开启和回座压力应符合设计文件规定。校验后的安全阀应铅封,在工作压力下应无泄漏。

检验数量:全数检查。

检验方法:查阅调校记录,发泡液检查。

5.8.3 安全阀、真空阀及组件阀体表面不得有气孔、砂眼、裂纹等缺陷。

检验数量:全数检查。

检验方法:目视检查,放大镜检查。

Ⅱ 一般项目

5.8.4 安全阀、真空阀及组件连接配合面应无划伤、凹陷等缺陷。

检验数量:全数检查。

检验方法:目视检查。

5.8.5 安全阀、真空阀及组件铭牌应完好无缺,标记齐全正确。

检验数量:全数检查。

检验方法:目视检查。

5.8.6 安全阀、真空阀应垂直安装。

检验数量:全数检查。

检验方法:吊线检查。

5.9 火 炬

Ⅰ 主控项目

5.9.1 火炬规格、性能等指标应符合国家产品标准和设计文件规定。材料复验及结果应符合现行国家标准《钢结构工程施工质量验收规范》GB 50205 和设计文件的要求。

检验数量:全数检查。

检验方法:查阅设备质量证明书、产品标识、检验报告和复验报告。

5.9.2 塔架、火炬筒体基础及支承面应验收合格,地脚螺栓规格、长度、位置及锚固长度应符合设计文件规定。

检验数量:全数检查。

检验方法:用经纬仪、水准仪和钢卷尺实测。

5.9.3 塔架高强度螺栓施拧顺序和初拧、终拧扭矩应符合设计文件规定和现行国家标准《钢结构工程施工质量验收规范》GB 50205 的规定。

检验数量:按节点抽查 10%,且不应少于 10 个节点。每个被抽查的节点按螺栓数抽查 10%,且不应少于 2 个。

检验方法:按照现行国家标准《钢结构工程施工质量验收规范》GB 50205 的相关规定。

Ⅱ 一般项目

5.9.4 高强度螺栓连接终拧后,螺纹宜外露2个～3个螺距。螺栓连接摩擦面应干燥、整洁,不应有飞边、毛刺、焊接飞溅物,摩擦面不应涂漆。

　　检验数量:螺纹外露抽查5%;摩擦面全数检查。

　　检验方法:目视检查。

5.9.5 高强度螺栓紧固接触面不应少于75%,且边缘最大间隙不应大于0.8mm。

　　检验数量:抽查10%,且不少于3个。

　　检验方法:扭矩法或转角法检验,用钢卷尺及0.3mm和0.8mm塞尺现场实测。

5.9.6 火炬涂层厚度应符合设计要求,偏差不应超过$\pm10\mu m$。涂装表面应均匀,不应有皱皮、流坠、针眼和气泡缺陷,不应有误涂、漏涂、脱皮和返锈等现象。

　　检验数量:全数检查。

　　检验方法:目视检查。

5.9.7 塔架构件现场分段拼装后的尺寸偏差应符合表5.9.7的规定。

表5.9.7　塔架构件现场分段拼装后的尺寸偏差

项　目	允许偏差(mm)	检验数量	检验方法
竖面对角线长度差	$L_1/1000$且≤10		
空间对角线长度差	$L_2/1000$且≤15		钢卷尺和拉线测量
任一横截面对角线长度差	$L_3/1000$且≤8	全数检查	
塔架分段高(长)度	5		
塔架分段主肢顶面相对高差	2		水准仪和钢卷尺测量

注:L_1为分段拼装竖面设计对角线长,L_2为分段拼装空间设计对角线长,L_3为任一横截面设计对角线长度,单位均为mm。

5.9.8 塔架平台、梯子和防护栏杆安装的允许偏差应符合表5.9.8的规定。

表5.9.8 塔架平台、梯子和防护栏杆安装的允许偏差

项 目	允许偏差(mm)	检验数量	检验方法
平台高度	±15	按总数抽查10%且不少于1个	水准仪测量
平台梁水平度	$L/1000$且$\leqslant$20	按总数抽查10%且不少于1个	水准仪测量
平台支柱垂直度	$h/1000$且$\leqslant$15	按总数抽查10%且不少于1个	经纬仪测量
承重平台梁侧向弯曲	$L/1000$且$\leqslant$10	按总数抽查10%且不少于1个	拉线和钢卷尺测量
直梯垂直度	$L/1000$且$\leqslant$15	按总长抽查10%且不少于1个	吊线和钢卷尺测量
斜梯踏步水平度	5	按总长抽查10%且不少于1个	水平仪测量
栏杆高度	±5	按总长抽查10%且不少于5m	钢卷尺测量
栏杆立柱间距	±10	按总长抽查10%且不少于5m	钢卷尺测量

注:L为直梯和平台梁长度,h为平台支柱高度,单位均为mm。

5.9.9 塔架、火炬筒体和火炬头安装垂直度及高度的允许偏差应符合表5.9.9的规定。

表5.9.9 塔架、火炬筒体和火炬头安装垂直度及高度的允许偏差

项 目		允许偏差(mm)	检验数量	检验方法
垂直度	高度 $H\leqslant$60m	$H/1500$且$\leqslant$25	全数检查	激光经纬仪和钢尺测量
	高度 $H>$60m	$H/2500$且$\leqslant$50		激光经纬仪和钢尺测量
总高度 H		±50		钢卷尺测量

注:H为塔架高度,单位为mm。

5.9.10 地脚螺栓尺寸的允许偏差应符合表5.9.10的规定。

表5.9.10 地脚螺栓尺寸的允许偏差

项 目	允许偏差(mm)	检验数量	检验方法
螺栓露出长度	0～+30	全数检查	钢卷尺测量
螺纹长度	0～+30		

5.10 储罐试验

Ⅰ 主控项目

5.10.1 内罐水压试验应在储罐所有焊接与无损检测工作完成并经检验合格后,且在罐内清扫洁净和吊顶、罐壁保冷层安装之前进行;试压充水曲线应符合设计规定。

检验数量:全数检查。

检验方法:目视检查,查阅试验记录。

5.10.2 内罐在水压试验过程中应分别对混凝土外罐和内罐进行沉降观察和记录,沉降观察结果应符合设计规定和基础设计要求。

检验数量:每 10m 左右设 1 个观测点,点数为 4 的倍数。

检验方法:查阅沉降观测记录。

5.10.3 内罐水压试验应充水至试验液位并保持 24h,检查焊缝不得有渗漏。

检验数量:全数检查。

检验方法:目视检查,对照设计规定检查试压记录。

5.10.4 内罐水压试验结束后应对底板搭接焊缝、对接焊缝及壁板与边缘板间大角焊缝进行 100% 真空箱复检。

检验数量:全数检查。

检验方法:真空箱检验,目视检查。

5.10.5 外罐应进行气压试验,气压试验曲线应符合设计文件规定,罐顶接管焊缝接头、法兰、盲板不得有渗漏。

检验数量:全数检查。

检验方法:目视检查,查阅气压试验记录。

5.10.6 外罐应进行负压(真空度)试验,负压试验压力应符合设计文件规定,达到设计负压后经检查无异常情况可视为试验合格。

检验数量:全数检查。

检验方法:目视检查、检查试压记录。

5.10.7 罐内附属管道安装结束后应按设计要求和规范规定进行强度试验和严密性试验。

检验数量:全数检查。

检验方法:目视检查,检查试压记录。

Ⅱ 一般项目

5.10.8 试验用水水质应符合设计要求。

检验数量:全数检查。

检验方法:目测检查,检查水质报告。

5.10.9 内罐水压试验结束后在排水的同时应对内罐进行冲洗,清扫干净。

检验数量:全数检查。

检验方法:目测检查。

5.11 储罐干燥与置换

Ⅰ 主控项目

5.11.1 储罐干燥置换应在储罐试压和罐内保冷层完成经检查合格,且在罐内清扫、管线隔离和储罐封闭检查合格后进行。

检验数量:全数检查。

检验方法:查阅保冷安装、储罐试压及隔离封闭记录。

5.11.2 储罐干燥置换前罐内自动化仪表和安全部件(安全阀、真空断路阀等)应安装调试检查合格。

检验数量:全数检查。

检验方法:查阅仪表及安全部件安装调试记录。

5.11.3 现场临时配置的液氮气化装置供气量及氮气纯度应符合置换方案要求。

检验数量:全数检查。

检验方法:查阅气化装置技术资料和气质成分记录。

5.11.4 储罐氮气干燥置换目标值应符合设计规定;当无规定时,应符合表 5.11.4 的规定。

表 5.11.4　氮气干燥置换目标值

区域代号	区域名称	氧含量	露点
A	圆顶空间和内罐	4%	−20℃
B	环形空间	4%	−10℃
C	罐底保冷层	4%	无要求
D	热角保护保冷层和罐底次层保冷层	4%	无要求

检验数量:全数检查。

检验方法:查阅干燥置换操作记录。

5.11.5 储罐干燥置换时罐内压力不应大于设计文件的规定值。

检验数量:全数检查。

检验方法:对照设计文件查阅干燥置换操作记录。

5.11.6 储罐干燥置换时(C 区压力−A 区压力)不应大于设计文件的规定值,且 C 区氮气出口应一直处于打开状态。

检验数量:全数检查。

检验方法:查阅干燥置换操作记录。

Ⅱ　一般项目

5.11.7 采用压胀式吹扫置换时,增压速度不宜大于 1kPa/h,泄压速度不宜大于 0.8kPa/h。

检验数量:全数检查。

检验方法:查阅干燥置换操作记录。

5.11.8 环形空间底部的两侧带孔的环形吹扫管道外包滤网玻璃布,其安装粘接和不锈钢丝包扎的质量应符合设计规定和规范要求。

检验数量:抽查 20%。

检验方法:目视检查及玻璃布剥离检查。

5.12 压力储罐

Ⅰ 主控项目

5.12.1 储罐的规格、型号及开口位置应符合设计文件要求,并具有质量证明文件、压力容器产品合格证、特种设备制造监督检验证书、产品铭牌的拓印件等。

检验数量:全数检查。

检验方法:目视检查,查阅技术文件、质量证明文件。

5.12.2 储罐基础的位置和尺寸应符合设计要求,基础的验收应按现行国家标准《石油化工静设备安装工程施工质量验收规范》GB 50461 中规定的质量标准进行。

检验数量:全数检查。

检验方法:水准仪、经纬仪和尺量检查。

5.12.3 储罐配置的安全阀、压力表、液位计等安全附件在安装前,根据规范要求进行检定,安装位置正确,应符合设计要求和规范规定。

检验数量:全数检查。

检验方法:查阅检定报告和对照设计文件检查。

5.12.4 储罐应在出厂前进行各项检验和强度及气密性试验,并具有相应报告。

检验数量:全数检查。

检验方法:目视检查,查阅试验报告。

Ⅱ 一般项目

5.12.5 当对储罐基础有沉降量要求时,应在找正、找平及底座二次灌浆完成并达到规定强度后,按照设计要求进行沉降量观测。

    检验数量:全数检查。

    检验方法:目视检查,查阅观测记录。

5.12.6 储罐进场时,应对外观及配件等进行验收,表面无损伤及变形,配件齐全。

    检验数量:全数检查。

    检验方法:目视检查,检查配件清单。

5.12.7 储罐地脚螺栓安装质量要求及检验方法应符合表5.12.7的规定。

表 5.12.7　地脚螺栓安装质量要求及检验方法

序号	质量要求	检验数量	检验方法
1	螺栓应垂直无歪斜	全数检查	目视检查
2	螺栓光杆部分应无油污和氧化皮,螺纹部分应涂少量油脂		目视检查
3	螺栓上的任意部位离孔壁不小于 20mm,与孔底的距离应大于 30mm		目视检查,尺量检查
4	螺母紧固后,螺纹露出螺母不应少于 3 个螺距		目视检查,扳手检查,尺量检查
5	螺母与垫圈、垫圈与底部的接触均应良好		目视检查,扳手检查

5.12.8 储罐垫铁的规格、布置、数量应符合本标准第 4.1.4 条的规定。

    检验数量:全数检查。

    检验方法:目视检查,用手锤敲击检查,查阅测量记录。

5.12.9 容器安装的标高、水平度、中心线位移、垂直度、方位、支座的装配位置等允许偏差应符合表 5.12.9 的规定。

表 5.12.9　储罐安装允许偏差

项次	项目		允许偏差(mm)		检验方法
			立式	卧式	
1	中心线位置	$D\leqslant2\,000$mm	±5	±5	尺量检查
2		$D>2\,000$mm	±10		
3	标高		±5	±5	水准仪检查
4	水平度	轴向(L—支座距离)		$L/1\,000$	水准仪或U形管水平仪、尺量检查
		径向(D—储罐外径)		$2D/1\,000$	
5	垂直度(H—立式储罐高度)		$H/1\,000$，且不大于 25		经纬仪或线坠检查
6	方位(沿底环圆周测量)	$D\leqslant2\,000$mm	≤10		尺量检查
		$D>2\,000$mm	≤15		
7	成排同型端面平行度		<15		尺量检查
8	成排同型间距		±20		尺量检查

注:L 为两基座间的距离,D 为设备外径,H 为储罐的高度,单位均为 mm。

5.12.10 与储罐连接的各种管道、阀门,应安装正确,阀门操作灵活,其性能符合设计要求。

检验数量:全数检查。

检验方法:目视检查,按照设计文件核对。

6 液化、压缩天然气装置工程

6.1 一般规定

6.1.1 本章适用于液化天然气场站中主要工艺设备安装的质量验收。

6.1.2 设备及附件的安装质量除应符合本标准第9章的规定外,与天然气管道的接口的施工质量验收还应符合本标准第7章的规定。

6.1.3 所有金属设备外壳应与接地线可靠连接,接地电阻值测试符合相关规范或设计文件规定。

6.1.4 设备的油漆应平滑、无破损,色泽均匀一致,应满足设计文件的规定或规范要求。

6.2 气化器

Ⅰ 主控项目

6.2.1 气化器及附件设备规格、型号及性能指标等应符合设计文件规定。

　　检验数量:全数检查。

　　检验方法:查阅设备质量证明文件。

6.2.2 设备基础质量应符合本标准第4.1.2条的规定。

　　检验数量:全数检查。

　　检验方法:查阅交接验收记录或复检记录。

6.2.3 安全阀、压力表等安全附件应校验并在有效期内,标定值符合设计文件规定。

　　检验数量:全数检查。

　　检验方法:查阅安全阀、压力表校验报告。

6.2.4 现场分段组装气化器的密封垫安装应平整、位置正确;螺栓应紧固均匀,紧固力矩符合设计文件规定或产品安装说明书的规定,气化器强度和气密试验合格。

　　检验数量:全数检查。

　　检验方法:查阅施工记录及强度和气密试验报告,力矩扳手测量。

Ⅱ 一般项目

6.2.5 设备基座下的安装垫铁的规格、布置、数量应符合本标准第4.1.4条的规定。

　　检验数量:全数检查。

　　检验方法:用手锤敲击检查,查阅隐蔽验收记录。

6.2.6 地脚螺栓应符合本标准第4.1.5条的规定。

　　检验数量:全数检查。

　　检验方法:目视检查,用扳手检查。

6.2.7 安全阀、压力表等安全附件的安装应牢固、可靠,位置朝向应便于观察、排放、检查与维修。

　　检验数量:全数检查。

　　检验方法:目视检查。

6.2.8 气化器的安装尺寸允许偏差应符合表6.2.8的规定。

表 6.2.8　气化器的安装尺寸允许偏差

项　　目		允许偏差(mm)	检验数量	检验方法
标高		±5		水准仪测量
中心线位置		±5		经纬仪或挂中线测量
水平度	轴向	$L/1000$	全数检查	水平仪测量
	径向	$2D/1000$		
垂直度		$H/1000$		水准仪、吊线坠测量

注:L 为设备两基座间距离,D 为设备外径,H 为气化器高度,单位均为 mm。

6.3 液化天然气泵

6.3.1 泵及附件规格、型号及性能指标等应符合设计文件规定。

　　检验数量：全数检查。

　　检验方法：查阅设备的质量证明文件等。

6.3.2 安全阀、压力表、温度计等安全附件应校验，其标定值符合设计文件规定。

　　检验数量：全数检查。

　　检验方法：查阅安全阀校验报告。

6.3.3 内置泵与泵井管或泵壳体的连接密封垫安装平整、位置正确，螺栓紧固均匀、紧固力矩符合设计文件或产品说明书的规定，泵井管或泵壳体的强度和气密试验应合格。

　　检验数量：全数检查。

　　检验方法：查阅施工记录及强度和气密试验报告，力矩扳手测量。

6.3.4 监测仪表、电源接线柱接线、绝缘密封等附件安装应正确，检测合格。

　　检验数量：全数检查。

　　检验方法：查阅设备安装使用说明书、检测报告，目视检查。

6.3.5 泵安装完成后应按规定进行空载运转与负载调试，调试结果应符合设计文件与产品说明书的规定。

　　检验数量：全数检查。

　　检验方法：查阅调试记录和调试报告。

6.3.6 泵井管或泵壳体安装允许偏差应符合安装说明书的规定。

检验数量:全数检查。

检验方法:对照产品安装使用说明书,查阅施工记录。

6.3.7 安全阀、压力表、温度计等安全附件的安装应牢固、可靠,位置朝向应便于观察、检查与维修。

检验数量:全数检查。

检验方法:目视检查。

6.3.8 液位计、密度计、振动传感器应符合设计文件与产品说明书的规定。

检验数量:全数检查。

检验方法:查阅产品说明书、施工单位单体仪表校验单、仪表联校记录表。

6.4 闪蒸气(BOG)压缩机

Ⅰ 主控项目

6.4.1 压缩机主机规格、型号、性能指标等应符合设计文件规定。

检验数量:全数检查。

检验方法:查阅设备的质量证明文件等。

6.4.2 设备基础质量应符合本标准第4.1.2条的规定。

检验数量:全数检查。

检验方法:查阅交接验收记录或复检记录。

6.4.3 底座二次灌浆料强度等级应高于基础强度等级1~2级,灌浆高度符合设计要求,灌浆层应捣实、表面平整、边缘整齐、无裂缝。

检验数量:全数检查。

检验方法:查阅灌浆料材料质量证明文件和复验报告。

6.4.4 压缩机主机安装的允许偏差应符合产品安装使用说明书的规定,主机水平度偏差不大于0.05mm/m。

检验数量:全数检查。

检验方法:查阅施工记录,水平仪测量。

6.4.5 压缩机单机调试和联动调试除应符合设备技术文件与设计文件规定外,还应符合下列规定:

1 机器运转平稳,无异常声响。润滑、填料函密封、冷却等辅助系统工作正常,无渗漏。

2 压力表、安全阀、安全报警联锁系统运行良好。

3 各类仪表仪器数据指示、信号传输正确,自动控制等系统运行安全可靠。

4 噪声符合现行国家标准《声环境质量标准》GB 3096 的规定。

检验数量:全数检查。

检验方法:目视检查,对照设计文件和设备技术文件查阅机器调试记录和调试报告。

Ⅱ 一般项目

6.4.6 压缩机主机的基座垫铁规格、位置、数量应符合产品安装说明书的规定。地脚螺栓垂直,螺母和垫圈材质、规格、数量应合设计文件的规定,螺母拧紧力应均匀,螺纹不应有损伤,且涂上防锈脂。

检验数量:全数检查。

检验方法:目视检查,用小锤敲击、塞尺测量,扳手拧试。

6.4.7 润滑油、密封油及冷却系统安装质量应符合下列规定:

1 设备底座垫铁规格、位置、高度符合规范要求,地脚螺栓垂直,螺母和垫圈齐全,拧紧力均匀,螺纹无损伤,且涂上防锈脂。

检验数量:全数检查。

检验方法:目视检查,用小锤敲击,扳手拧试。

2 系统所属设备、附件和管道的安装质量应符合设计文件和相关规范要求,管路应洁净、畅通、布置整齐美观,对机器不附加外力。

检验数量：全数检查。

检验方法：目视检查。

3 润滑油、密封油及冷却系统应冲洗清洁，油标、视镜指示标记明显、无误。

检验数量：全数检查。

检验方法：目视检查。

6.4.8 电动机安装质量应符合下列规定：

1 电动机安装允许偏差应符合设备安装使用说明书的规定，水平度偏差不得大于 0.10mm/m。

检验数量：全数检查。

检验方法：用水平仪测量。

2 电动机接线正确、可靠。

检验数量：全数检查。

检验方法：目视检查。

3 电动机与压缩机联轴器的对中偏差及端面间隙的允许偏差应符合产品安装使用说明书的规定。

检验数量：全数检查。

检验方法：查阅施工记录，用塞尺和千分表检查。

6.5 卸料臂装卸装置

Ⅰ 主控项目

6.5.1 卸料臂规格、型号及性能等指标应符合设计文件规定。

检验数量：全数检查。

检验方法：查阅设备制造质量证明文件。

6.5.2 设备基础质量应符合本标准第 4.1.2 条的规定。

检验数量：全数检查。

检验方法：查阅交接验收记录或复检记录。

6.5.3 卸料臂气密性试验应合格。

　　检验数量：全数检查。

　　检验方法：查阅施工记录。

6.5.4 卸料臂下段筒体底座二次灌浆，灌浆料强度等级应高于基础强度等级1～2级，灌浆高度应符合设计要求，灌浆层应捣实，表面平整、边缘整齐、无裂缝。

　　检验数量：全数检查。

　　检验方法：查阅灌浆料材料质量证明文件和复验报告。

6.5.5 卸料臂系统应进行调试，设备运转应正常、平稳，各项指标应符合设备技术文件及设计文件的规定。

　　检验数量：全数检查。

　　检验方法：目视检查，查阅调试记录。

Ⅱ　一般项目

6.5.6 卸料臂下段筒体底座垫铁规格、位置、高度应符合规范要求；地脚螺栓垂直，螺母和垫圈齐全，拧紧力均匀，螺纹无损伤，且涂防锈脂。

　　检验数量：全数检查。

　　检验方法：目视检查，用小锤敲击，扳手拧试。

6.5.7 卸料臂下段筒体底座安装允许偏差应符合表6.5.7的规定。

表6.5.7　卸料臂下段筒体底座安装允许偏差

项　目	允许偏差(mm)	检验数量	检验方法
标高	±5		水准仪测量
中心线位置	5		钢卷尺测量
设备方位	15	全数检查	钢卷尺测量
设备垂直度	$H/1000$ 且 ≤ 25		经纬仪测量

注：H 为设备总高度，单位为 mm。

6.5.8 卸料臂附件及管道安装、焊接、检验应按相关规范检验合格,并符合设备技术文件的规定。卸料臂静电接地应符合设计文件的规定。

检验数量:全数检查。

检验方法:目视检查,查阅施工记录。

6.6 罐顶起重机

Ⅰ 主控项目

6.6.1 罐顶起重机规格、型号、性能指标等应符合设计文件规定。

检验数量:全数检查。

检验方法:查阅设备质量证明文件。

6.6.2 罐顶起重机安全装置应灵敏、可靠。

检验数量:全数检查。

检验方法:查阅设备质量证明文件和施工记录。

6.6.3 罐顶起重机系统应进行调试,电动葫芦和电动小车运转应正常、平稳,润滑油系统正常,各项指标应符合设备技术文件及设计文件的规定。

检验数量:全数检查。

检验方法:目视检查、查阅调试记录。

6.6.4 罐顶起重机调试合格后,应进行静载试验和负荷试验,试验要求应符合设计规定。

检验数量:全数检查。

检验方法:目视检查,查阅试验记录。

Ⅱ 一般项目

6.6.5 罐顶吊车的电动葫芦,电动小车及轨道的连接件规格、位置、高度应符合规范要求;螺母和垫圈齐全,拧紧力均匀,螺纹无损伤,且涂上防锈脂。

检验数量:全数检查。

检验方法:目视检查,用小锤敲击,扳手拧试。

6.6.6 罐顶吊车及安全防护装置的安装、焊接、检验应按相关规范检验合格,并符合设备技术文件的规定。

检验数量:全数检查。

检验方法:目视检查,查阅施工记录。

7 站内工艺管道工程

7.1 一般规定

7.1.1 本章适用于城镇天然气站内工艺管道安装工程的施工质量验收。

7.1.2 站内工艺管道系统安装工程的施工质量验收除应按本章规定执行外,还应符合现行国家标准《工业金属管道工程施工规范》GB 50235、《工业金属管道工程施工质量验收规范》GB 50184、《现场设备、工业管道焊接工程施工规范》GB 50236、《现场设备、工业管道焊接工程施工质量验收规范》GB 50683、《石油化工金属管道工程施工质量验收规范》GB 50517、《石油天然气站内工艺管道工程施工规范》GB 50540、《压力管道规范》GB/T 20801 和设计文件的规定。

7.1.3 站内液化天然气和天然气工艺管道系统应可靠接地,接地电阻值应符合现行国家标准《电气装置安装工程 接地装置及施工及验收规范》GB 50169 和设计文件的规定。

7.1.4 进入现场的管材及附件应进行质量验收,并符合下列规定:

　　1 合金钢管、不锈钢管及管件表面应无损伤、无锈蚀,管口完好无损,安装前可根据需要按照供货批次进行光谱半定量复验分析或用其他检测方法复查其合金成分,并做好标识。设计有特殊要求的合金钢、不锈钢管道和管件,应采用定量快速光谱分析仪复验分析,每批应抽查 5% 且不少于 1 件。

　　2 有耐晶间腐蚀要求的材料,其产品质量证明文件应有晶间腐蚀试验报告。

3 有低温冲击值要求的材料,其产品质量证明文件应有低温冲击韧性试验值。

4 设计压力等于或大于10MPa的管道外表面应逐根进行无损检测,不得有线性缺陷。

5 钢管的表面质量不得有裂纹、夹渣、折叠、重皮等缺陷;锈蚀、凹陷、划痕及其他机械损伤的深度不应超过相应产品标准允许的壁厚负偏差;钢管不得有压扁与变形等有害缺陷;螺纹、密封面、坡口的加工精度及粗糙度应达到设计文件或制造标准的要求,并有产品标识。

6 经磁粉检测或渗透检测发现的表面缺陷允许修磨,修磨后的实际壁厚不得小于管子公称壁厚的90%,且不得小于设计文件规定的最小壁厚。

7.1.5 阀门进场质量验收应符合下列规定:

1 阀门外表面无气孔、砂眼、裂纹等缺陷;阀体内表面平滑、洁净;垫片及填料应满足介质要求;驱动装置操作灵活;铭牌完好无损,标记清楚。

2 设计文件要求做低温密封试验的阀门,应有制造单位的低温密封性试验合格证明书。

3 用于设计压力等于或大于10MPa管道的通用阀门,其焊缝或阀体、阀盖的铸钢件,应符合现行行业标准《石油化工阀门检验与管理规程》SH 3518的规定。

4 阀门安装前,应按设计文件中的"阀门规格书",对阀门的阀体、密封面及有特殊要求的垫片和填料的材质进行抽检;合金钢阀门的阀体应逐件进行光谱分析。

5 阀门安装前,应逐个对阀体进行液体压力试验,试验压力为公称压力的1.5倍,停压5min无泄漏为合格;具有上密封结构的阀门,应逐个对上密封进行试验,试验压力为公称压力的1.1倍,2min无泄漏为合格。阀门试压合格后应排净阀内积水。由用户或其委托方到制造厂对阀门压力试验进行逐件见证,并有相应见证资料时,可免除现场压力试验。

6 阀门的阀座密封面应按现行行业标准《石油化工阀门检验与管理规程》SH 3518 的规定进行密封性试验。

7 按现行行业标准《石油化工阀门检验与管理规程》SH 3518 或 API 标准制造并有相应认证标志,且用户到制造厂监制和验收的阀门,每批应进行抽检。

8 安全阀应按设计文件规定的开启压力进行调试,调压时压力应平稳,启闭试验不得少于 3 次。调试合格后,应及时进行铅封。

9 检验、试验合格的阀门,应作出标识,并填写阀门检验、试验记录。

10 阀门的传动装置应开启灵活可靠,开度指示器指示正确,用手扳动无卡涩现象。

7.1.6 其他管道组件及管道支撑件进场质量验收应符合下列规定:

1 核对其他管道组件的化学成分及力学性能分析报告、合金钢锻件的金相分析报告、热处理结果及焊缝无损检测报告,报告结论应符合设计文件要求。

2 管件外表面应有制造厂代号(商标)、规格、材料牌号和批号等标识,并与质量证明文件相符。

3 设计压力等于或大于 10MPa 的管道组件应逐件进行表面无损检测,不得有线性缺陷。

4 法兰密封面应平整光洁,无毛刺和径向划痕等缺陷。

5 设计压力等于或大于 10MPa 管道用的合金钢螺栓、螺母,应逐件进行快速光谱分析,每批应抽至少 2 件进行硬度检验。

6 设计温度低于 −29℃ 的低温管道合金钢螺栓、螺母,应逐件进行快速光谱分析检验,每批应抽至少 2 个螺栓进行低温冲击性能检验。

7 对每批进场的合金钢管道组件应进行快速光谱分析

抽检。

8 管道支撑件应有制造厂的质量证明文件,材质、规格、型号应符合设计文件规定。

9 管件的表面不得有裂纹、分层,外观应平整光滑、无氧化皮,表面的其他缺陷不得超过产品标准规定的允许深度。坡口、螺纹加工精度应符合产品标准的要求。焊接管件的焊缝应成形良好,且与母材圆滑过渡,不得有裂纹、未熔合、未焊透、咬边等缺陷。

10 螺栓、螺母的螺纹应完整,无划痕、毛刺等缺陷。螺栓、螺母应配合良好,无松动或卡涩现象。

11 密封垫片应按产品标准进行抽样检查验收。金属环垫、缠绕垫片不得有径向伤痕、松散、翘曲等缺陷。

12 管道支承件表面不得有毛刺、铁锈、裂纹、漏焊、表面气孔等缺陷;支、吊架弹簧的允许偏差应符合表 7.1.6 的规定。

表 7.1.6　支、吊架弹簧的允许偏差

项　目	允许偏差	检验数量	检验方法
工作圈数	≤半圈	抽查 10% 且不少于 3 件	目视检查
在自由状态下,弹簧各圈节距	≤平均节距的 10%		角尺、钢 直尺测量
弹簧两端支承面与弹簧轴线垂直度	≤自由高度的 2%		

13 其他管道组件及管道支承件应分区存放。不锈钢管道组件及支承件不得与非合金钢、低合金钢接触,其存放不应直接与地面接触,吊装时应用非金属吊带。

7.1.7 凡按规定作抽样检查或检验的样品中,若有 1 件不合格,必须按原规定数加倍抽检;若仍有不合格,则该批管道组成件不得使用,并应做好标记和隔离。

7.1.8 管道、阀门和其他管道组件应分区存放。不锈钢管道不得与非合金钢、低合金钢接触,其存放不应直接与地面接触。

7.1.9 站内直埋管道沟槽的质量验收应符合现行上海市工程建

设规范《城镇燃气管道工程施工质量验收标准》DG/TJ 08－2031 的相关要求。

7.1.10 站内管道在管沟内敷设时,其质量验收分两部分:管沟的土建工程(包括沟底的处理、沟内支架的预埋、管沟盖板的制作)应符合设计文件规定和现行国家标准《混凝土结构工程施工质量验收规范》GB 50204 的要求;管沟内管道的安装工程质量验收要求应符合本章第7.2节的规定。

7.2 管道安装

I 主控项目

7.2.1 预制管道应按管道系统编号和顺序号进行安装。管道、管件、阀门、设备等连接时,不得采用强力对口。有缝管对接口不得出现十字缝,焊缝之间错开的距离应大于管壁厚的 3 倍,且不应小于 100mm。

检验数量:全数检查。

检验方法:目视检查和钢尺检查。

7.2.2 温度计套管及其他插入件的安装方向与长度,应符合仪表专业的设计要求。

检验数量:全数检查。

检验方法:目视检查和钢卷尺测量。

7.2.3 不锈钢法兰的非金属垫片中氯离子含量不得超过 50mg/L。

检验数量:全数检查。

检验方法:查阅产品试验报告。

7.2.4 连接设备的管道安装前应进行清洗,不得有油污、异物。管道安装完成后应对管端封口,防止异物进入。

检验数量:全数检查。

检验方法:目视检查。

7.2.5 连接机器的管道,其固定焊口应远离机器。对不允许承

受附加外力的机器,管道与机器的连接应符合下列规定:

    1 管道在自由状态下,法兰的平行度、同心度允许偏差及间距应符合表 7.2.5 的规定。

    2 连接机器的埋地管道,应在埋地部分管道充分沉降后再与机器进行连接,且该管道应设置单独支架或支撑。

    3 管道系统与机器最终连接时,应在联轴节上架设百分表监视机器位移,然后松开和拧紧法兰连接螺栓进行观测;当转速小于 6 000r/min 时,其位移应小于 0.02mm;当转速大于或等于 6 000r/min 时,其位移应小于 0.05mm。

    4 管道系统经试压、吹扫合格后,应对该设备与机器的接口进行复位检验,其偏差值应符合表 7.2.5 的规定。

表 7.2.5　法兰的平行度、同心度允许偏差及间距

机泵转速 (r/min)	平行偏差 (mm)	径向偏差 (mm)	间距 (mm)	检验数量	检验方法
<3 000	≤0.40	≤0.80	垫片厚+1.5	全数检查	厚薄规、卡尺、直尺测量
3 000~6 000	≤0.15	≤0.50	垫片厚+1.0		
>6 000	≤0.10	≤0.20	垫片厚+1.0		

7.2.6 有拧紧力矩要求的法兰连接螺栓,拧紧力矩应符合设计文件规定。

    检验数量:全数检查。

    检验方法:查阅测力扳手校验记录。

7.2.7 低温管道的连接螺栓,在试运行时应进行冷态紧固,螺栓冷态紧固的温度应符合表 7.2.7 的规定。冷态紧固应在紧固作业温度保持 2h 后且在卸压后进行。

    检验数量:抽查 10%且不少于 3 处。

    检验方法:目视检查,查阅施工记录。

表 7.2.7　螺栓冷态紧固的温度(℃)

工作温度	一次冷紧温度	二次冷紧温度
-70~-29	工作温度	-
<-70	-70	工作温度

7.2.8　埋地管道埋设深度、水平轴线位置以及弯头、三通、异径接头、管封头等管件位置应符合设计文件要求。

　　检验数量:全数检查。

　　检验方法:目视检查,查阅施工测量记录、施工记录。

7.2.9　管沟的位置坐标、沟底标高及坡度、沟内支架的预埋应符合设计规定。

　　检验数量:全数检查。

　　检查方法:目视检查,尺量检查。

Ⅱ　一般项目

7.2.10　管道对口平直度允许偏差应符合表 7.2.10 的规定,管道对接焊口的组对应做到内壁齐平,内壁错边量不宜超过壁厚的10%,且不大于 2mm。

　　检验数量:抽查 10%,且不少于 3 处。

　　检验方法:直尺和塞尺检查。

表 7.2.10　管道对口平直度允许偏差

公称直径	允许偏差(mm)	检验数量	检验方法
DN<100mm	距接口中心 200mm 处测量≤1	抽查 10%且不少于 3 件	直尺、塞尺测量
DN≥100mm	距接口中心 200mm 处测量≤2		直尺、塞尺 测量
任意	全长≤10		拉线、钢尺测量

7.2.11　不等厚对接管道组成件组对时,薄件端面应位于厚件端面之内。当内壁错边量超过壁厚的 10%或大于 2mm 的规定或外壁错边量大于 3mm 时,应对该管道组件按现行国家标准《现场设

备、工业管道焊接工程施工规范》GB 50236 的规定进行加工修整。

检验数量:抽查 10％,且不少于 3 处。

检验方法:厚薄规、卡尺、直尺等检查。

7.2.12 连接法兰的螺栓应能在螺栓孔中顺利通过。法兰密封面间的平行偏差不应大于法兰外径 1.5/1000,且不应大于 2mm。法兰密封面间的间距为垫片厚度加 1.5mm。

检验数量:抽查 10％,且不少于 3 处。

检验方法:厚薄规、卡尺、直尺等检查。

7.2.13 管道安装的允许偏差应符合表 7.2.13 的规定。

表 7.2.13 管道安装的允许偏差

项 目		允许偏差(mm)	检验数量	检验方法
坐标	架空	10	抽查 10％且不少于 3 处	水准仪、经纬仪、直尺、水平仪和拉线测量
	地沟	7		
	埋地	20		
标高	架空	±10		
	地沟	±7		
	埋地	±20		
平直度	$DN\leqslant100mm$	$\leqslant2L/1000$ 且 $\leqslant40$		直尺和拉线测量
	$DN>100mm$	$\leqslant3L/1000$ 且 $\leqslant70$		
铅垂度		$\leqslant3H/1000$ 且 $\leqslant25$		经纬仪或吊线测量
成排	在同一平面上管道间距	±10		拉线和钢卷尺测量
交叉	管外壁或保温层的间距	±7		

注:L 为水平管段长度,H 为垂直管段长(高)度。

7.2.14 每对法兰连接应使用同一规格螺栓,安装方向一致。螺栓应对称拧紧。螺栓拧紧后应露出螺母外 2 个～3 个螺距,并做好防锈处理。

检验数量:抽查 10％,且不少于 3 处。

检验方法:目视检查和小锤敲打检查。

7.2.15 管道补偿器安装前,应按设计要求进行预拉伸(预压缩),其允许偏差为±10mm。

检验数量:全数检查。

检验方法:查阅管道预拉伸(压缩)记录或施工记录。

7.2.16 管道安装的坡向、坡度应符合设计文件规定。

检验数量:抽查10%且不少于3处。

检验方法:查阅施工记录,用水准仪或水平仪实测。

7.2.17 埋地管道铺设应平直,无突起、突弯现象,管道紧贴沟底。

检验数量:抽查10%且不少于3处。

检验方法:目视检查。

7.2.18 管沟内管道的敷设应平直,无突起、突弯现象,管道底部距离沟底应满足设计要求;当设计无要求时,距离沟底距离为200mm～250mm。管道紧贴沟内支墩或支架。

检查数量:抽查10%且不小于3处。

检查方法:目视检查。

7.2.19 管沟内排水通畅,无积水,不倒灌,不浸泡管道。

检查数量:全数检查。

检查方法:核对设计文件及目视检查。

7.3 阀门安装

Ⅰ 主控项目

7.3.1 阀门型号、规格、材质应符合设计文件规定,安装方向正确。

检验数量:全数检查。

检验方法:查阅质量证明文件,目视检查。

7.3.2 当阀门与管道以法兰或螺纹方式连接时,阀门应在关闭状态下安装;当阀门与管道以焊接方式连接时,阀门应在开启状态下安装。

检验数量:全数检查。

检验方法:目视检查。

7.3.3 安全阀的开启和回座压力应符合设计要求,校验后的安全阀应铅封,在工作压力下无泄漏。

检验数量:全数检查。

检验方法:查阅安全阀校验报告,发泡液检查。

7.3.4 气动阀门安装时应将执行机构垂直安装于阀门上方,便于检查和维修,并注意介质流向指示。

检验数量:全数检查。

检验方法:核对检查及进行实际操作。

Ⅱ 一般项目

7.3.5 安全阀应垂直安装。

检验数量:全数检查。

检验方法:吊线检查。

7.3.6 阀门的阀杆及传动装置应按设计规定方向安装,动作灵活。

检验数量:抽检 10％且不少于 3 个。

检验方法:核对设计文件及进行实际操作。

7.4 绝缘接头安装

Ⅰ 主控项目

7.4.1 绝缘接头的型号、规格、压力级制应符合设计文件规定。

检验数量:全数检查。

检验方法:查阅质量证明文件,目视检查。

7.4.2 绝缘接头安装前应进行绝缘电阻测试,绝缘电阻值应大于 2MΩ。

　　检验数量:全数检查。

　　检验方法:目视检查,仪器(兆欧表)测试。

7.4.3 绝缘接头防腐层应进行电火花检漏,检漏电压为 15kV,以无漏点合格。

　　检验数量:全数检查。

　　检验方法:目视检查,电火花检漏仪检测。

Ⅱ　一般项目

7.4.4 所有绝缘接头外观平整美观,端部坡口内侧与所连接的管道内侧齐平。

　　检验数量:全数检查。

　　检验方法:目视检查。

7.4.5 绝缘接头与管道焊接检验合格后,应对焊口进行补口,补口要求应符合设计文件规定。

　　检查数量:全数检查。

　　检查方法:目视检查,仪器检测。

7.5　管道支承件安装

Ⅰ　主控项目

7.5.1 管道支、吊架位置应正确、平整牢固,钢管与支撑面应接触良好。

　　检验数量:全数检查。

　　检验方法:目视检查和核对设计文件。

7.5.2 支、吊架工作类型应符合设计要求。

　　检验数量:全数检查。

　　检验方法:目视检查和核对设计文件。

7.5.3 无热(冷)位移管道的管道吊架,其吊杆应垂直安装。有热(冷)位移管道的管道吊架,其吊点应在位移相反方向,按位移值的 1/2 偏位安装。

检验数量:全数检查。

检验方法:钢卷尺检查和核对设计文件。

7.5.4 固定支架和限位支架应按设计文件要求安装。固定支架应在补偿装置预拉伸或预压缩前固定。

检验数量:全数检查。

检验方法:目视检查和核对设计文件。

7.5.5 导向支架或滑动支架的滑动面应洁净平整,不得有歪斜和卡涩现象。绝热层不得妨碍其移动。

检验数量:抽检 10%且不少于 3 个。

检验方法:目视检查。

7.5.6 弹簧支吊架的弹簧安装高度应按设计文件规定进行调整。弹簧支架的限位板应在试车前拆除。

检验数量:全数检查。

检验方法:目视检查并查阅弹簧高度调整记录。

7.6 静电接地

Ⅰ 主控项目

7.6.1 有静电接地要求的管道,各段间应导电良好。当每对法兰或螺纹连接间电阻值大于 0.03Ω 时,应有导线跨接。

检验数量:全数检查。

检验方法:用电阻测试仪测量,查阅电阻测试记录。

7.6.2 管道系统的对地电阻值应符合设计要求,且小于或等于 100Ω。当超过设计要求或超过 100Ω 时,应设不少于 2 处接地线并测试合格。接地位置应符合设计文件要求,接地引线宜采用焊接形式。

检验数量:全数检查。

检验方法:用接地电阻测试仪测量,查阅接地电阻测试记录。

Ⅱ 一般项目

7.6.3 静电接地导线接触面必须除锈并连接可靠。

检验数量:抽查 10% 且不少于 3 处。

检验方法:查阅接地电阻测试记录。

7.6.4 有静电接地要求的钛管道或不锈钢管道,导线跨接或接地引下线应采用钛板或不锈钢板过渡,不得与钛管道或不锈钢管道直接连接。

检验数量:抽查 10% 且不少于 3 处。

检验方法:目视检查。

7.7 焊缝检验

Ⅰ 主控项目

7.7.1 对接焊缝表面不得有气孔、裂纹、未焊透、咬边、夹渣等缺陷。

检验数量:全数检查。

检验方法:放大镜检查。

7.7.2 焊缝无损检测的抽检比例和合格等级应符合设计文件规定。

检验数量:全数检查。

检验方法:查阅无损检测报告。

Ⅱ 一般项目

7.7.3 角焊缝外观质量和焊缝高度符合设计要求,表面无裂纹、气孔、未焊透、咬边、夹渣等缺陷。

检验数量:抽查 10％且不少于 3 处焊缝。

检验方法:放大镜检查和焊接检验尺测量。

7.7.4 对接接头焊缝余高、外壁错边量、接头平直度的允许偏差应符合表 7.7.4 的规定。

表 7.7.4　对接焊缝允许偏差

项　目		允许偏差(mm)	检验数量	检验方法
焊缝余高		≤1＋0.1b 且≤3	抽查 10％且不少于 3 处	焊接检验尺测量
外壁错边量		＜0.15δ 且≤3		
接头平直度	δ≤10mm	δ/5		楔形塞尺和样板尺测量
	10mm＜δ≤20mm	2		
	δ＞20mm	3		

注:b 为焊缝宽度,δ 为焊件壁厚,单位均为 mm。

7.8　管道系统压力试验、吹扫

Ⅰ　主控项目

7.8.1 管道系统安装完成并经无损检验、吹扫或冲洗合格后应进行强度试验和严密性试验,试验压力、试验时间、试验介质与结果应符合设计文件规定。

检验数量:全数检查。

检验方法:查阅试验记录。

7.8.2 管道系统压力试验时,阀门的开启状态应符合相关规范要求和制造商的要求。

检验数量:全数检查。

检验方法:查阅试验要求文件及试验记录。

7.8.3 奥氏体不锈钢管道或系统中有奥氏体不锈钢设备时,液压试验用水中氯离子含量不得超过 25mg/L。

检验数量:全数检查。

检验方法:查阅水质分析报告。

7.8.4   管道系统安装完成并无损检验合格后应对管道系统进行冲洗或吹扫。

检验数量:全数检查。

检验方法:目视检查,查阅冲洗或吹扫记录。

7.8.5   冲洗管道应使用洁净水。水冲洗应连续进行,以排出口的水色和透明度与入口水目测一致为合格。冲洗合格后,应将水排净。

检验数量:全数检查。

检验方法:目视检查。

7.8.6   管道空气吹扫时,在排气口用白布或涂白色油漆的靶板检查,靶板上无铁锈及其他杂物时可完成吹扫。吹扫应采用无油压缩空气,吹扫合格后应及时封堵。

检验数量:全数检查。

检验方法:目视检查。

7.8.7   管道系统泄露性试验可结合系统试运行一并进行,阀门、法兰或螺纹连接部位在设计压力下不应有泄露。

检验数量:全数检查。

检验方法:目视检查,发泡液检查。

7.8.8   管道吹扫及压力试验合格后,根据需要进行氮气置换,以测试管道内的平均含氧量不超过 2% 为合格,测试次数不少于3 次。

检查数量:全数检查。

检查方法:查阅测试记录。

7.9 绝缘防腐层及绝热层

Ⅰ 主控项目

7.9.1 防腐涂层的等级、厚度、层数应符合设计文件规定;漆膜附着牢固,涂层平顺,颜色一致,无流淌、漏涂、开裂、剥落、气泡、针孔、损坏等缺陷。

检验数量:抽查10%且不少于5处,每处不少于2m。

检验方法:目视检查、放大镜和测厚仪检查。

7.9.2 绝热层施工质量应符合下列规定:

1 绝热层的拼缝,同层应错缝,层间应压缝,其搭接的长度不应小于100mm,且分层厚度及对拼缝的处理应符合设计文件的规定。

检验数量:全数检查。

检验方法:目视检查和钢卷尺检查。

2 对阀门和法兰的保温,应采取现场浇注或发泡。不得用绝热保护层的金属壳代替浇注或发泡的模具。模具制作尺寸应准确,安装位置正确、稳定。浇注或发泡绝热层性能应符合设计规定。

检验数量:全数检查。

检验方法:目视检查、钢卷尺测量及查阅试样性能检测报告。

3 绝热层伸缩缝的设置和施工应符合设计文件规定。

检验数量:全数检查。

检验方法:目视检查和钢卷尺测量。

7.9.3 防潮层施工工序应符合设计文件规定。所有搭接接头的搭接不应少于50mm,搭接均匀、层次应密实、连续,无漏设和机械损伤。

检验数量:全数检查。

检验方法:目视检查和钢卷尺测量。

7.9.4 金属保护层的咬缝型式应符合设计文件规定,包裹紧凑,且环向接缝、纵向接缝和水平接缝必须上搭下、成顺水方向,接缝应用金属密封胶密封。金属保护层严禁损坏防潮层。

　　检验数量:全数检查。

　　检验方法:目视检查。

Ⅱ　一般项目

7.9.5 绝热层厚度的允许偏差应符合设计文件规定;当设计无规定时,应符合表7.9.5的规定。

表7.9.5　绝热层厚度的允许偏差

项　　目		允许偏差(mm)	检验数量	检验方法
成品绝热层		+5~0	抽查10%	钢直尺测量
浇注或发泡	绝热层厚度>50mm	+10%		
	绝热层厚度≤50mm	+5		

7.9.6 防潮层表面应平整,无气泡、脱层、开裂等缺陷,防潮层厚度不得小于5mm。

　　检验数量:每50m抽查3处,每处不少于2m。

　　检验方法:目视检查,测厚仪检查。

7.9.7 金属保护层的外观整齐美观,无翻边、豁口、翘缝和明显凹坑。金属扎带的位置、间距符合设计文件规定,且捆扎均匀、牢固、松紧适度。金属保护层表面平面度的允许偏差不应大于4mm。

　　检验数量:每50m抽查3处,每处不少于2m。

　　检验方法:目视检查,1m钢直尺和楔形塞尺检查。

7.9.8 埋地管道防腐层等级、补口要求、电火花检漏、粘接力测试应符合设计规定和规范要求,质量可靠。

　　检验数量:抽查10%,且不少于3处。

　　检验方法:目视检查,测厚仪、电火花测试。

8 电气工程

8.1 一般规定

8.1.1 本章适用于城镇天然气站内电气系统工程的施工质量验收。

8.1.2 天然气站内电气装置的施工及质量验收,除应执行本标准的规定外,还应符合国家现行的有关标准规范的规定,同时必须符合在爆炸和火灾危险环境的质量验收标准。

8.1.3 电气设备材料进场质量验收应符合下列规定:

1 控制柜(盘)及动力、照明箱实行生产许可证和安全认证制度的产品,应有许可证编号和安全认证标志。外观检查无损伤,涂层完整,设备应有铭牌。柜、盘、箱内元器件完整、齐全,接线无脱落、脱焊。

2 防爆产品应有防爆标志,并符合设计规定的爆炸危险场所防爆等级要求,防爆电气设备铭牌上必须标有国家授权机构所发给的防爆合格证号编号。

3 照明灯具应有安全认证标志,附件齐全,抽查内部绝缘电阻值不应小于 $2M\Omega$,电线线芯截面积不小于 $0.5mm^2$,绝缘层厚度不小于 $0.6mm$。

4 热镀锌和铝合金桥架应无锈蚀、无扭曲变形、无表面划伤。

5 电线电缆合格证应有生产许可证和安全认证标志,抽检电线绝缘完整无损,厚度均匀,电缆封端严密,无压扁、扭曲,铠装不松卷。

6 钢管无裂缝、压扁,内壁光滑。非镀锌钢管应无锈蚀,镀锌钢管镀层完整,表面无锈斑,绝缘管及管件无碎裂,绝缘管表面应有不大于 1m 的连续阻燃标记和制造厂标。

7 进口电器设备、器具和材料应提供商检证明和中文的质量证明文件,并提供性能测试报告和安装、使用、维护等说明书;进口电气设备和器具还需要提供 3C 认证。

8 设备材料进场验收合格后应妥善保管,以防损坏。

8.1.4 电气设备安装用紧固件,除地脚螺丝外,应采用符合国家标准的镀锌件。

8.1.5 各种金属构件的安装螺孔、箱、盒的进出线开孔,不得用电焊或气焊吹割,应采用机械开孔。

8.1.6 安装调试结束后,盘柜进出口电缆管口及建筑物中预留孔洞应做好封堵。

8.1.7 爆炸和火灾危险环境的电气装置安装完毕,投入运行前,相关专业施工应验收合格。

8.2 配电、控制柜(盘)安装

Ⅰ 主控项目

8.2.1 配电、控制柜(盘)的基础型钢必须有明显、可靠的接地(PE)。

检验数量:全数检查。

检验方法:目视检查。

8.2.2 配电、控制柜(盘)的金属框架必须接地(PE)可靠,装有电器元件的可开启门应以裸编织铜线与框架的接地端子可靠连接,且有标识。

检验数量:全数检查。

检验方法:目视检查。

8.2.3 配电柜(盘)的交接试验,必须符合下列规定:

1 每路配电开关及保护装置的规格、型号应符合设计文件规定。

2 相间和相对地间的绝缘电阻值大于 0.5MΩ。

3 配电柜(盘)的交流工频耐压试验电压为 1kV。当绝缘电阻大于 10MΩ 时,可用 2500V 兆欧表摇测代替,试验时间 1min,无闪络击穿现象。

检验数量:全数检查。

检验方法:目视检查。

8.2.4 配电柜(盘)应有可靠的电击保护。柜(盘)内保护导体应有裸露的连接外部保护导体的端子。当设计无要求时,柜(盘)内保护导体的最小截面积 S_p 应不小于表 8.2.4 的规定。

检验数量:全数检查。

检验方法:目视检查,游标卡尺检测。

表 8.2.4 保护导体的截面积

相线的截面积 S(mm²)	相应保护导体的最小截面积 S_p(mm²)
S≤16	S
16＜S≤35	16
35＜S≤400	S/2
400＜S≤800	200
S＞800	S/4
S 为柜(盘)进线电源相线的截面积,且 S 与 S_p 材质相同	

8.2.5 控制柜(盘)、箱间线路的线间和线对地间绝缘电阻值,馈电线路必须大于 0.5MΩ,二次回路必须大于 1MΩ。

检验数量:全数检查。

检验方法:目视检查,查阅测试记录。

8.2.6 柜、盘、箱间二次回路交流工频耐压试验,当绝缘电阻值大于 10MΩ 时,用 2500V 兆欧表摇测 1min,应无闪络击穿现象;当绝缘电阻值在 1MΩ～10MΩ 时,做 1000V 交流工频耐压试验,时间 1min,应无闪络击穿现象。

检验数量:全数检查。

检验方法:目视检查,查阅测试记录。

8.2.7 控制柜(盘)的基础型钢安装允许偏差应符合表 8.2.7 的规定。

表 8.2.7 基础型钢安装允许偏差

项 目	允许偏差		检验数量	检验方法
	mm/m	mm/全长		
不直度	1	5	抽查 10% 且不少于 1 处	水准仪、2m 钢直尺测量
水平度	1	5		水准仪、2m 钢直尺测量
不平行度	—	5		拉线、钢直尺测量

注:基础型钢安装后顶部宜高出地面 10mm。

8.2.8 控制柜(盘)安装的垂直度允许偏差为 1.5‰,成列柜(盘)相互间接缝不应大于 2mm,盘面偏差不应大于 5mm。

检验数量:抽查 10％且不少于 1 处。

检验方法:目视检查,吊线和钢直尺测量。

8.2.9 控制柜(盘)相互间及与基础型钢连接应用镀锌螺栓,且防松件齐全,不得焊死。

检验数量:抽查 10％且不少于 1 处。

检验方法:目视检查。

8.2.10 控制柜(盘)内检查试验应符合下列规定:

1 控制开关及变频器、自耦变压器、软启动器等启动和保护装置的规格、型号符合设计要求,安装牢固。

2 抽出式电控柜的推拉应灵活,无卡阻碰撞,同型号能互换,主回路和二次回路动静触头接触严密。

3 熔断器的熔体规格、自动开关的整定值符合设计要求。

4 所装电气元件应外观完好,附件齐全,排列整齐,固定牢靠,安装位置正确。

5 端子排应绝缘良好,无损坏,安装牢固,强电、弱电端子隔离布置。端子规格与电流芯线截面积大小适配。

6 柜(盘)上的标识器件标明被控设备编号及名称。盘柜面平整,漆层完整。

7 接线端子有编号,且清晰、工整、不易脱色。每个接线端子每侧接线宜为 1 根,不得超过 2 根;螺栓连接时,中间应加平垫片;不同截面的两根导线不得接在同一插接式端子上。

检验数量:抽查 10％且不少于 1 处。

检验方法:目视检查。

8.2.11 二次回路应接线正确。导线不应有接头,与电气元件间采用螺栓连接、插接、压接等,均应牢固可靠。不同电压等级、交/直流及计算机控制线路应分别成束绑扎,且有标识。

检验数量:抽查 10％且不少于 1 处。

检验方法:目视检查。

8.2.12 盘、柜配线,电流回路应采用电压不低于 750V,线芯截面不小于 2.5mm² 的铜芯绝缘电线;除电子元件回路或类似回路外,其他回路应采用额定电压不低于 750V,线芯截面不小于 1.5mm² 的铜芯绝缘电线。

检验数量:抽查 10％且不少于 1 处。

检验方法:目视检查,游标卡尺检测。

8.2.13 控制柜(盘)操作及联动试验正确,符合设计文件规定。

检验数量:抽查 10％且不少于 1 处。

检验方法:目视检查,查阅试验记录。

8.2.14 用于连接门上的电器、控制台板等可动部位的电线应符合下列规定:

1 采用多股铜芯软电线,敷设长度留有适当余量。

2 线束有外套塑料管等加强绝缘保护层。

3 与电器连接时,端部应绞紧,且有不开口的终端端子或搪锡,不松散、断股。

4 可动部位的两端用卡子固定。

检验数量:抽查 10% 且不少于 1 处。

检验方法:目视检查。

8.3　电缆保护管及电缆桥架

Ⅰ　主控项目

8.3.1 钢管必须接地(PE)可靠。

检验数量:全数检查。

检验方法:目视检查。

8.3.2 镀锌钢管不得熔焊跨接接地线,必须以专用接地卡固定跨接接地线,接地线为截面积不小于 $4mm^2$ 的铜芯软导线。

检验数量:全数检查。

检验方法:目视检查。

8.3.3 非镀锌钢管采用螺纹连接时,连接处两端焊接跨接接地线,其圆钢跨接线的直径不得小于 6mm,焊接长度不得小于圆钢直径的 6 倍。焊接应牢固、平整、饱满。

检验数量:全数检查。

检验方法:目视检查,钢尺测量。

8.3.4 钢管严禁对口熔焊连接。镀锌和管径 $\phi50$ 以下明敷以及壁厚小于等于 2mm 的钢管,不得采用套管熔焊连接,必须采用螺纹连接或紧定螺钉式套管连接。

检验数量:全数检查。

检验方法:目视检查。

8.3.5 金属电缆桥架及支架和引入或引出的金属电缆管必须接地(PE)可靠,且必须符合:

1 金属电缆桥架及支架全长应不少于 2 处与接地(PE)干线相连接。

2 非镀锌电缆桥架间连接板的两端应跨接铜芯接地线,接地线的截面积不小于 4mm²。

3 镀锌电缆桥架连接板的两端不跨接接地线,但连接板两端不少于 2 个有防松螺帽或防松垫圈的固定螺栓。

检验数量:全数检查。

检验方法:目视检查。

Ⅱ 一般项目

8.3.6 电缆管弯制后不应有皱褶、裂缝和凹陷,弯扁程度不大于管子外径的 10%,管口应无毛刺,宜做成喇叭形或加护圈。

检验数量:抽查 10% 且不少于 1 处。

检验方法:目视检查。

8.3.7 在敷设电缆管时,应尽量减少弯头;当实际施工中不能符合要求时,可采用内径较大的管子或在适当部位设置拉线盒。

检验数量:抽查 10% 且不少于 1 处。

检验方法:目视检查。

8.3.8 电缆管的弯曲半径不应小于穿入电缆的最小允许弯曲半径。电缆最小允许弯曲半径应符合表 8.3.8 的规定。

表 8.3.8 电缆最小允许弯曲半径

序号	电缆种类	最小允许弯曲半径
1	无铅包钢铠护套的橡皮绝缘电力电缆	10D
2	有钢铠护套的橡皮绝缘电力电缆	20D
3	聚氯乙烯绝缘电力电缆	10D
4	交联聚乙烯绝缘电力电缆	15D
5	多芯控制电缆	10D

注:D 为电缆外径,单位为 mm。

检验数量:抽查 10%,且不少于 1 处。

检验方法:目视检查,钢尺测量。

8.3.9 电缆管的内径与电缆外径之比不得小于 1.5,每根电缆管的弯头不应超过 3 个,直角弯不应超过 2 个。

　　检验数量:抽查 10％且不少于 1 处。

　　检验方法:目视检查,钢尺测量。

8.3.10 电缆穿管没有弯头时,长度不宜超过 30m;有 1 个弯头时,不宜超过 20m;有 2 个弯头时,不宜超过 15m。超过上述距离时,应增加中间接线盒。

　　检验数量:抽查 10％且不少于 1 处。

　　检验方法:目视检查,钢卷尺测量。

8.3.11 钢管应镀锌或内外壁作防腐处理。直埋于土层的钢管应进行外防腐保护,涂刷沥青时外壁涂刷不少于两度。

　　检验数量:抽查 10％且不少于 1 处。

　　检验方法:目视检查。

8.3.12 电缆管的室外埋设深度不应小于 0.7m,壁厚小于等于 2mm 的钢管不应埋设于室外土壤内,伸出建筑物散水坡的长度不应小于 0.25m。

　　检验数量:抽查 10％且不少于 1 处。

　　检验方法:目视检查,钢卷尺测量。

8.3.13 进入落地式柜、箱、盘的电缆管口,应高出基础面50mm～80mm,管口在穿入电缆后应做密封处理。

　　检验数量:抽查 10％且不少于 1 处。

　　检验方法:目视检查,钢卷尺测量。

8.3.14 钢管采用螺纹连接的,管端螺纹长度不应小于管接头长度的 1/2,连接后螺纹宜外露 2 扣～3 扣,且螺纹表面应光滑、无缺损。采用紧定螺钉式套管连接的,螺钉应拧紧至折断。

　　检验数量:抽查 10％且不少于 1 处。

　　检验方法:目视检查。

8.3.15 钢管采用套管连接的,套管长度不应小于管外径的 2.2 倍,对口处应在套管中心,焊缝应严密。

检验数量:抽查 10% 且不少于 1 处。

检验方法:目视检查。

8.3.16 引至设备的电缆管管口位置,应便于与设备连接并不妨碍拆装,并列安装的管口应排列整齐。

检验数量:抽查 10% 且不少于 1 处。

检验方法:目视检查。

8.3.17 在室外和易进水的地方,与设备引入装置相连接的电缆保护管的管口,应严密封堵。

检验数量:抽查 10% 且不少于 1 处。

检验方法:目视检查。

8.3.18 在建筑物变形缝处,保护管安装应设补偿装置。

检验数量:抽查 10% 且不少于 1 处。

检验方法:目视检查。

8.3.19 电缆管应安装牢固,固定点间距均匀。当沿支架或墙敷设时,电缆管卡间的最大距离应符合表 8.3.19 的规定。

表 8.3.19 刚性电缆管卡间的最大距离(m)

敷设方式	电缆管种类	电缆管直径(mm)				
		15～20	25～32	32～40	50～65	65 以上
支架或沿墙明敷	壁厚>2mm 钢管	1.5	2.0	2.5	2.5	3.5
	壁厚≤2mm 钢管	1.0	1.5	2.0	—	—
	刚性绝缘管	1.0	1.5	1.5	2.0	2.0

检验数量:抽查 10% 且不少于 1 处。

检验方法:目视检查,钢卷尺测量。

8.3.20 绝缘管敷设应符合下列规定:

1 不应敷设在高温及易受机械损伤的场所。

2 管口平整、光滑;管与管、管与箱(盒)等器件的连接采用插入法时,插入深度宜为管子内径的 1.1 倍～1.8 倍,连接处结合面上涂专用粘合剂,粘牢密封;采用热熔焊时,按产品说明加热焊接牢固。

3 埋地或在楼板内的刚性绝缘管,在穿出地面或楼板时,易受机械损伤的一段,要采取保护措施。

4 沿建(构)筑物表面和在支架上敷设的刚性绝缘管,按设计要求装设温度补偿装置。

检验数量:抽查 10% 且不少于 1 处。

检验方法:目视检查。

8.3.21 金属、非金属柔性管敷设应符合下列规定:

1 刚性管通过柔性管与电气设备、器具连接,柔性管的长度在动力工程中不大于 0.8m,在照明工程中不大于 1.2m。

2 可挠金属管或其他柔性管与刚性管或电气设备、器具的连接,采用专用接头;复合型可挠金属管或其他柔性管连接处密封良好,防液覆盖层完整无损。

3 可挠金属管和金属柔性管不能做接地(PE)的接续导体。

检验数量:抽查 10% 且不少于 1 处。

检验方法:目视检查。

8.3.22 电缆桥架安装应符合下列规定:

1 直线段钢制桥架长度超过 30m,铝合金或玻璃钢桥架长度超过 15m,应设有伸缩节。

2 桥架转弯处的弯曲半径,不小于桥架内电缆最小允许弯曲半径,电缆最小允许弯曲半径符合表 8.3.8 的规定。

3 设计无要求时,桥架水平安装的支架间距为 1.5m~3m,垂直安装的支架间距不大于 2m。

4 桥架连接板螺栓紧固、无遗漏,螺母位于桥架外侧、桥架与支架螺栓固定,铝合金桥架与钢支架固定时,有相互间绝缘的防电化腐蚀措施。

5 穿越不同防火区的桥架,应按设计要求确定位置,并有防火隔堵措施。

6 当电缆桥架敷设在易燃易爆气体管道的下方,设计无要求时,与管道的最小净距符合表 8.3.22 的规定。

表 8.3.22　桥架与管道最小净距(m)

管道类别	平行净距	交叉净距
一般工艺管道	0.4	0.3
易燃易爆气体管道	0.5	0.5

　　7　支架与预埋件焊接固定时,焊缝饱满;用膨胀螺栓固定时,螺栓大小应适配、固定牢靠,防松零件齐全。

　　检验数量:抽查 10% 且不少于 1 处。

　　检验方法:目视检查。

8.4　电缆敷设

Ⅰ　主控项目

8.4.1　电缆沟内的金属支架必须接地可靠。

　　检验数量:全数检查。

　　检验方法:目视检查。

8.4.2　电缆敷设严禁有绞拧、铠装压扁、护层断裂和表面严重划伤等缺陷。

　　检验数量:全数检查。

　　检验方法:目视检查。

8.4.3　三相或单相的交流单芯电缆,不得单独穿于钢管内。

　　检验数量:全数检查。

　　检验方法:目视检查。

Ⅱ　一般项目

8.4.4　电缆支架的加工应符合下列规定:

　　1　钢材平直,无明显扭曲,下料误差小于 5mm,切口无卷边、毛刺。

2 支架应焊接牢固,无显著变形,各横撑间净距与设计偏差不大于 5mm。

3 金属支架必须进行防腐处理。

检验数量:抽查 10% 且不少于 1 处。

检验方法:目视检查,钢卷尺测量。

8.4.5 电缆支架安装应符合下列规定:

1 当设计无要求时,电缆支架最上层至顶部的距离不小于 150mm,电缆支架最下层至沟底的距离不小于 50mm。

2 当设计无要求时,电缆支架层间最小允许距离应符合表 8.4.5 的规定。

表 8.4.5 电缆支架层间最小允许距离

电缆种类	支架间最小距离(mm)
10kV 及以下电力电缆	150～200
控制电缆	120

3 支架与预埋件焊接固定时,焊缝饱满;用膨胀螺栓固定时,选用螺栓适配,固定牢靠,防松零件齐全。

4 支架安装横平竖直,支架间高低偏差不大于 5mm,在有坡度的电缆沟内安装,有与电缆沟相同的坡度。

检验数量:抽查 10% 且不少于 1 处。

检验方法:目视检查,钢卷尺测量。

8.4.6 电缆在电缆沟内敷设应符合下列规定:

1 电缆在支架上敷设,转弯处的最小允许弯曲半径应符合表 8.3.8 的规定。

2 垂直或大于 45°倾斜敷设的电缆在每个支架上固定。

3 水平敷设的电缆,在电缆首末两端及转弯、电缆接头的两端绑扎、固定;直线段当对电缆间距有要求时,每隔 5m～10m 固定。

4 电缆在支架上排列整齐,少交叉。

5 电力电缆和控制电缆,不应敷设在同一层支架上,高低压电力电缆、强/弱电电缆、控制电缆应按由上而下顺序分层配置。

检验数量:抽查 10% 且不少于 1 处。

检验方法:目视检查,钢卷尺测量。

8.4.7 电缆在桥架内敷设应符合下列规定:

1 大于 45°倾斜敷设的电缆,每隔 2m 设固定点。

2 电缆排列整齐。水平敷设的电缆,首尾两端、转弯两侧及每隔 5m~10m 设固定点;垂直敷设的电缆,固定点间距不大于表 8.4.7 的规定。

表 8.4.7 桥架内垂直敷设电缆固定点的间距

电缆种类		固定点的间距(m)
电力电缆	全塑型	1.0
	除全塑型外电缆	1.5
控制电缆		1.0

检验数量:抽查 10% 且不少于 1 处。

检验方法:目视检查,钢卷尺测量。

8.4.8 电缆与热力管道、设备之间的净距,平行时不应小于 1m,交叉时不应小于 0.5m。受条件限制时,应采取隔热保护措施;电缆不宜平行敷设于热力设备和管道的上部。

检验数量:抽查 10% 且不少于 1 处。

检验方法:目视检查,钢卷尺测量。

8.4.9 在下列地点,电缆应有一定机械强度的保护管:

1 电缆进入建筑物、穿过楼板及墙壁处。

2 从电缆沟、桥架引至设备、杆塔、墙外表面,或行人容易接近处距地面高度 2m 以下。

3 其他电缆可能受到机械损伤的地方。

检验数量:抽查 10% 且不少于 1 处。

检验方法:目视检查。

8.4.10 电缆穿管前,应清除管内杂物和积水,管口应有护圈等保护措施;进入柜箱盒的垂直管口穿入电缆后,管口应密封。

检验数量:抽查 10％且不少于 1 处。

检验方法:目视检查。

8.4.11 电缆出入电缆沟、建筑物、柜盘处及管子管口处应做密封处理。

检验数量:抽查 10％且不少于 1 处。

检验方法:目视检查。

8.4.12 电缆的直埋敷设应符合下列要求:

1 电缆埋设深度为表面距地面的距离不小于 0.7m,引入建筑物处可浅埋,但应穿钢管保护。

2 电力电缆及与控制电缆平行敷设最小净距 0.1m,交叉敷设 0.5m。

3 直埋电缆的上、下部应铺不小于 100mm 厚的软土或砂层,并加盖混凝土板,宽度超过电缆两侧各 50mm。

4 直埋电缆在直线段每隔 50m～100m 以及电缆接头、转弯处应设置明显的标桩。

检验数量:抽查 10％且不少于 1 处。

检验方法:目视检查,钢卷尺测量。

8.4.13 在电缆首末端和分支处以及电缆接头、拐弯处等地方,电缆上应设标志牌。标志牌上应注明线路编号,电缆型号、规格及起讫地点,且字迹应清晰、不易脱落,并联电缆应有顺序号。标志牌规格宜统一,不易腐蚀,安装牢固。

检验数量:抽查 10％且不少于 1 处。

检验方法:目视检查。

8.4.14 电力电缆接头的布置应符合下列要求:

1 并列敷设的电缆,接头位置宜相互错开。

2 电缆明敷时,接头应用托板托置固定。

3 直埋电缆接头应有防止机械损伤的保护盒。

检验数量:抽查 10％且不少于 1 处。

检验方法:目视检查。

8.4.15 对易受外部影响着火的电缆,应采用防火涂料或选择阻燃型电缆等措施。

检验数量:抽查 10％且不少于 1 处。

检验方法:目视检查。

8.5 电缆接线

Ⅰ 主控项目

8.5.1 高压电力电缆在接线前必须进行交接试验并合格,交接试验应符合下列规定:

1 测量电缆线芯对地或对金属屏蔽层和各线芯间的绝缘电阻值。额定电压 6kV 的聚氯乙烯绝缘电力电缆,绝缘电阻值不小于 60MΩ;交联聚乙烯绝缘电力电缆,绝缘电阻值不小于 100MΩ。

2 进行直流耐压试验。额定电压 6kV 的聚氯乙烯绝缘电力电缆,直流试验电压为 15kV;额定电压 6kV 的交联聚乙烯绝缘电力电缆,直流试验电压为 24kV;耐压试验时间为 15min。

检验数量:全数检查。

检验方法:目视检查,查阅测试记录。

8.5.2 高压电力电缆线路两端的相位应一致,并与电网相位符合。

检验数量:全数检查。

检验方法:目视检查。

8.5.3 低压电力电缆在接线前应测量绝缘电阻,电缆线芯对地和各线芯间的绝缘电阻值不得小于 0.5MΩ。

检验数量:全数检查。

检验方法:目视检查,查阅测试记录。

8.5.4 铠装电力电缆头的接地线应采用铜绞线或镀锡铜编织

线,截面积不应小于表 8.5.4 的规定。

表 8.5.4　电缆线芯和接地线截面积(mm^2)

电缆线芯截面积	接地线截面积
120 及以下	16
150 及以上	25

注:电缆线芯截面积在 $16mm^2$ 及以下,接地线与电缆线芯截面积相等。

检验数量:全数检查。

检验方法:目视检查,钢直尺测量。

8.5.5　电缆接线必须正确,并联运行电缆的型号、规格、长度、相位应一致。

检验数量:全数检查。

检验方法:目视检查。

Ⅱ　一般项目

8.5.6　制作电缆终端及接头的材料应有合格证明,压接钳和模具应匹配。

检验数量:抽查 10% 且不少于 1 处。

检验方法:目视检查。

8.5.7　电缆终端及接头制作时,应严格遵守制作工艺要求,采取加强绝缘密封防潮、机械保护等措施。

检验数量:抽查 10% 且不少于 1 处。

检验方法:目视检查。

8.5.8　在室外制作 6kV 及以上电缆终端与接头时,空气相对湿度宜为 70% 以下。应防止尘埃、杂物落入绝缘体内,严禁在雾中或雨中施工。

检验数量:抽查 10% 且不少于 1 处。

检验方法:目视检查,湿度仪测量。

8.5.9　当电缆穿过零序电流互感器时,从电缆头至穿过互感器的一段,电缆金属保护层和接地线应对地绝缘,电缆头的接地线应通过零序电流互感器后接地。

检验数量:抽查 10％且不少于 1 处。

检验方法:目视检查,查阅测试记录。

8.5.10 电缆线芯的连接金具,应采用符合标准的连接管和接线端子,内径应与电缆线芯紧密配合,不得采用开口端子。

检验数量:抽查 10％且不少于 1 处。

检验方法:目视检查。

8.5.11 交流单芯电缆或分相后的每相电缆固定用的夹具和支架,不应形成闭合铁磁回路。

检验数量:抽查 10％且不少于 1 处。

检验方法:目视检查。

8.5.12 电缆线芯与电器设备的连接应符合下列规定:

1 截面积在 10mm² 及以下的单股铜芯或铝芯线直接与设备、器具的端子连接。

2 截面积在 2.5mm² 及以下的多股铜芯线拧紧、搪锡或接端子后与设备、器具的端子连接,搪锡部位应均匀、饱满、光滑,不损伤绝缘层。

3 截面积大于 2.5mm² 的多股铜芯线,与设备自带插接式端子连接,端部应拧紧搪锡,其他情况应接端子后与设备或器具的端子连接。

4 在箱、柜接线中,端子或螺栓上的接线不多于 2 根。

5 多股铝芯线必须接端子后再与设备、器具的端子连接。

检验数量:抽查 10％且不少于 1 处。

检验方法:目视检查。

8.5.13 电缆的回路标记应清晰,编号准确。

检验数量:抽查 10％且不少于 1 处。

检验方法:目视检查。

8.6 接地装置

8.6.1 人工接地装置或利用建筑物基础钢筋的接地装置应在地面以上根据设计要求位置设测试点。当设计无规定时,测试点数量不应少于 2 处。

检验数量:全数检查。

检验方法:目视检查。

8.6.2 接地装置的接地电阻测试值应符合设计要求。当设计无要求时,利用建筑物基础钢筋为接地装置时,接地电阻不应大于 1Ω;当强、弱电合用一个接地装置时,接地电阻必须小于 1Ω。

检验数量:全数检查。

检验方法:目视检查,查阅测试记录。

8.6.3 防雷接地的人工接地装置的接地干线埋设,在人行道下埋设深度不应小于 1m,且应采取均压措施或在其上方铺设卵石或沥青地面。独立防雷接地线与其他接地线应保持 3m 以上的距离。

检验数量:全数检查。

检验方法:目视检查,钢卷尺测量。

8.6.4 暗敷在建筑物抹灰层内的避雷引下线应有卡钉分段固定,明敷的引下线应平直、无急弯,与支架焊接处,应用油漆防腐,且无遗漏。

检验数量:全数检查。

检验方法:目视检查。

8.6.5 变压器、高低压开关室内的接地干线,应有不少于 2 处与接地装置引出干线连接。

检验数量:全数检查。

检验方法:目视检查。

8.6.6 当利用金属构件、金属管道做接地线时,应保证其全长是完好的电气通路,并应在构件或管道上与接地干线间焊接金属跨接线。

检验数量:全数检查。

检验方法:目视检查,查阅测试记录。

8.6.7 不得利用金属软管、管道保温层的金属外皮或金属网以及电缆金属保护层作接地线。

检验数量:全数检查。

检验方法:目视检查。

8.6.8 每台电气设备的接地,应以单独的接地线与接地干线相连接,不得串联连接。

检验数量:全数检查。

检验方法:目视检查。

8.6.9 建筑物顶部的避雷针、避雷带等必须与顶部外露的其他金属物体连成一个整体的电气通路,且与避雷引下线连接可靠。

检验数量:全数检查。

检验方法:目视检查,查阅测试记录。

8.6.10 接地模块顶面埋设不应小于 0.6m,接地模块间距不应小于模块长度的 3 倍~5 倍。接地模块埋设基坑,一般为模块外形尺寸的 1.2 倍~1.4 倍。

检验数量:全数检查。

检验方法:目视检查,钢卷尺测量。

8.6.11 接地模块应垂直或水平就位,不应倾斜设置,保持与原土层接触良好。

检验数量:全数检查。

检验方法:目视检查。

8.6.12 建筑物等电位联结干线应从与接地装置有不少于 2 处直接连接的接地干线或总等电位箱引出,等电位联结干线或局部等电位箱间的连接线形成环形网络。环形网络应就近与等电位联结干线或局部等电位箱连接,支线间不应串联连接。

　　检验数量:全数检查。

　　检验方法:目视检查。

8.6.13　等电位联结的线路最小允许截面积应符合表 8.6.13 的规定。

表 8.6.13　等电位联结的线路最小允许截面积

材料	截面(mm²)	
	干线	支线
铜	16	6
钢	50	16

　　检验数量:全数检查。

　　检验方法:目视检查,钢尺测量。

Ⅱ　一般项目

8.6.14　接地装置的连接应采用焊接,焊接必须牢固、无虚焊;接至电气设备上的接地线,应用镀锌螺栓连接。

　　检验数量:抽查 10% 且不少于 1 处。

　　检验方法:目视检查。

8.6.15　当设计无要求时,接地装置顶面埋设深度不应小于 0.6m。角钢及钢管接地极应垂直埋入地下,间距不应小于 5m。

　　检验数量:抽查 10% 且不少于 1 处。

　　检验方法:目视检查,钢卷尺测量。

8.6.16　当设计无要求时,接地装置材料应采用热浸镀锌钢材。最小允许规格、尺寸应符合表 8.6.16 的规定。

　　检验数量:抽查 10% 且不少于 1 处。

　　检验方法:目视检查,卡尺测量。

表 8.6.16　接地装置最小允许规格、尺寸

种类\规格		敷设位置及使用类别			
		地上		地下	
		室内	室外	交流电回路	直流电回路
圆钢直径		6	8	10	12
扁钢	截面（mm²）	60	100	100	100
	厚度（mm）	3	4	4	6
角钢厚度（mm）		2	2.5	4	6
钢管管壁厚度（mm）		2.5	2.5	3.5	4.5

8.6.17　接地线的焊接应采用搭接焊,搭接长度应符合下列规定:

　　1　扁钢与扁钢搭接为扁钢宽度的 2 倍,不少于三面施焊。

　　2　扁钢与圆钢搭接为圆钢直径的 6 倍,双面施焊。

　　3　圆钢与圆钢搭接为圆钢直径的 6 倍,双面施焊。

　　检验数量:抽查 10% 且不少于 1 处。

　　检验方法:目视检查,钢卷尺测量。

8.6.18　接地线与接地极的连接应符合下列规定:

　　1　扁钢与钢管焊接,扁钢应弯成弧形,紧贴 3/4 钢管表面,上、下两侧施焊。

　　2　扁钢与角钢焊接,扁钢应弯成直角形,紧贴角钢外侧两面施焊。

　　检验数量:抽查 10% 且不少于 1 处。

　　检验方法:目视检查。

8.6.19　当利用建筑物的基础主钢筋作接地体时,搭接部位的焊接长度应为钢筋直径的 6 倍,且双面施焊。焊缝应平整饱满,不得有咬肉、夹渣、焊瘤等现象。

　　检验数量:抽查 10% 且不少于 1 处。

　　检验方法:目视检查,钢卷尺测量。

8.6.20 焊接接头除埋设在混凝土中的,其他均应采取防腐措施。

检验数量:抽查 10％且不少于 1 处。

检验方法:目视检查。

8.6.21 变配电室内明敷接地干线安装应符合下列规定:

1 沿墙水平敷设时,距地面高度 250mm～300mm,与墙壁的间隙 10mm～15mm。

2 接地线表面沿长度方向,每段为 15mm～100mm,分别涂以黄色和绿色相间的条纹。

3 接地干线上应设置不少于 2 个供临时接地用的接线柱或接地螺栓。

4 金属门铰链处的接地连接,应采用编织铜线。

检验数量:抽查 10％且不少于 1 处。

检验方法:目视检查,钢卷尺测量。

8.6.22 明敷接地引下线及室内接地干线的固定支撑件间距应均匀,水平直线部分为 0.5m～1.5m,垂直直线部分为 1.5m～3m,弯曲部分为 0.3m～0.5m。

检验数量:抽查 10％且不少于 1 处。

检验方法:目视检查,钢卷尺测量。

8.6.23 接地线在穿越墙壁、楼板和地坪处,应加钢套管或其他坚固保护套管,钢套管应与接地线连通。

检验数量:抽查 10％且不少于 1 处。

检验方法:目视检查。

8.6.24 当接地线跨越建筑物变形缝时,应设补偿装置。

检验数量:抽查 10％且不少于 1 处。

检验方法:目视检查。

8.6.25 避雷针、避雷带位置应正确,焊接固定的焊缝饱满、无遗漏,螺栓固定的应备帽等防松零件齐全,焊接部分补刷的防腐油漆应完整。

检验数量:抽查 10％且不少于 1 处。

检验方法:目视检查。

8.6.26 避雷带应平整顺直,固定点支撑件间距均匀,固定可靠,每个支撑件应能承受大于 49N(5kg)的垂直拉力。当设计无要求时,支持件间距应符合本标准第 8.6.22 条的规定。

检验数量:抽查 10％且不少于 1 处。

检验方法:目视检查,拉拔或负载试验。

8.6.27 接地模块应集中引线,用干线把接地模块并联焊接在一个环路上,干线的材质与接地模块焊接点的材质应相同,钢制的采用热浸镀锌扁钢,引出线不少于 2 处。

检验数量:抽查 10％且不少于 1 处。

检验方法:目视检查。

8.6.28 等电位联结的可接近裸露导体或其他金属部件、构件与支线连接应可靠,熔焊、钎焊或机械紧固应导通正常。

检验数量:抽查 10％且不少于 1 处。

检验方法:目视检查,查阅测试记录。

8.6.29 强电、弱电共用一个接地装置时,强电接地引出线和弱电接地引出线不能从同一点引出,二者相距不小于 3m。

检验数量:抽查 10％且不少于 1 处。

检验方法:目视检查,钢卷尺测量。

8.6.30 弱电系统中接地干线的敷设应与强电系统的接地干线分开;在设计无规定时,其接地干线宜用 2 根截面不小于 25mm² 的绝缘铜导线并固定在绝缘子的接地排上。

检验数量:抽查 10％且不少于 1 处。

检验方法:目视检查,钢卷尺测量。

8.6.31 设计要求接地的金属框架和建筑物的金属门窗,应就近与接地干线连接可靠,连接处不同金属间应有防电化腐蚀措施。

检验数量:抽查 10％且不少于 1 处。

检验方法:目视检查。

8.7 防　爆

Ⅰ　主控项目

8.7.1　在爆炸性气体危险环境中,防爆电气设备的类型、级别、组别应符合设计文件规定。

检验数量:全数检查。

检验方法:目视检查,核对设计文件。

8.7.2　防爆电气设备应有"Ex"标志,铭牌中必须标明国家指定的检验单位出具的防爆合格证号。

检验数量:全数检查。

检验方法:目视检查。

8.7.3　防爆管不应采用倒扣连接;当连接有困难时,应采用防爆活接头,其接合面应严密。

检验数量:全数检查。

检验方法:目视检查。

8.7.4　在爆炸危险环境中照明线路的电线和电缆,额定电压应满足现行国家标准《爆炸危险环境电力装置设计规范》GB 50058第5.4.1条的规定。零线的额定电压与相线相同,必须穿在同一钢管内。

检验数量:全数检查。

检验方法:目视检查。

8.7.5　在爆炸危险环境中不准明敷电线,必须穿入钢管。配线钢管应采用低压流体输送用镀锌焊接钢管。

检验数量:全数检查。

检验方法:目视检查。

8.7.6　钢管与钢管、电气设备、钢管附件之间的连接,必须采用螺纹连接,不得采用套管焊接。螺纹上应涂以电力复合酯或导电性防锈酯,不得在螺纹上缠麻丝或绝缘带及涂其他油漆。

检验数量:全数检查。

检验方法:目视检查,查阅测试记录。

8.7.7 防爆电气设备试运行中,设备外壳温度不得超过表8.7.7的规定值,保护装置及联锁装置应动作正确、可靠。

表 8.7.7 防爆电气设备外壳表面的最高温度

温度组列	T_1	T_2	T_3	T_4	T_5	T_6
最高温度(℃)	450	300	200	135	100	85

检验数量:全数检查。

检验方法:目视检查,查阅测试记录。

8.7.8 在爆炸危险环境中的电气设备的金属外壳、金属构架、金属电线管、电缆保护管、电缆的金属保护套等非带电的裸露金属部分均应接地(PE)。

检验数量:全数检查。

检验方法:目视检查。

8.7.9 在爆炸性气体环境1区内所有的电气设备以及2区内除照明灯具以外的其他电气设备,应采用专用接地线。2区的照明灯具可利用有可靠电气连接的金属管线系统作为接地线,但不得利用输送易燃物质的管道作为接地线。

检验数量:全数检查。

检验方法:目视检查。

8.7.10 电气装置的接地、接零、防雷、防静电接地应符合设计要求,接地必须牢固可靠。

检验数量:全数检查。

检验方法:目视检查。

8.7.11 防爆灯具安装应符合下列规定:

1 灯具的防爆标志、外壳防护等级和温度组别与爆炸危险环境相适配。当设计无要求时,应符合现行国家标准《爆炸危险环境电力装置设计规范》GB 50058第5.2.2条的规定。

2 灯具配套齐全,不用非防爆零件替代灯具配件(金属护网、灯罩、接线盒等)。

3 灯具的安装位置离开释放源,且不在各种管道的泄压口及排放口上下方安装灯具。

4 灯具及开关安装牢固可靠,灯具吊管及开关与接线盒螺纹啮合扣数不少于 5 扣,螺纹加工光滑、完整、无锈蚀,并在螺纹上涂以电力复合酯或导电性防锈酯。

5 开关安装位置便于操作,安装高度 1.3m。

检验数量:全数检查。

检验方法:目视检查,钢卷尺检测量。

Ⅱ 一般项目

8.7.12 防爆电气设备的安装应符合下列规定:

1 防爆电气设备宜安装在金属支架上,支架应牢固,有振动的电气设备的固定螺栓应有防松装置。

2 防爆电气设备的进线口与电缆、电线能可靠地连接和密封,多余的进线口其弹性密封垫和金属垫片应齐全,并应将压紧螺母拧紧使进线口密封。金属垫片的厚度不得小于 2mm。

3 防爆电气设备的规格、型号符合设计要求,铭牌及防爆标志正确清晰。设备外壳无裂纹、损伤,油漆完好,接线盒盖紧固,固定螺栓及防松装置齐全。

检验数量:抽查 10% 且不少于 1 处。

检验方法:目视检查。

8.7.13 防爆灯具安装应符合下列规定:

1 灯具及开关的防爆标志清晰,外壳完整,无损伤,灯罩无裂纹,金属护网无扭曲变形。

2 螺旋式灯泡应拧紧,接触良好。

3 灯具及开关的螺栓紧固,无松动、锈蚀,密封垫圈完好。

检验数量:抽查 10% 且不少于 1 处。

检验方法:目视检查。

8.7.14 当无设计规定时,电气线路的敷设方式、路径应符合下列要求:

1 电气线路应在爆炸危险性较小的环境或远离释放源的地方敷设。

2 当易燃物质比空气重时,电气线路应在较高处敷设;当易燃物质比空气轻时,应在较低处敷设。

检验数量:抽查 10%且不少于 1 处。

检验方法:目视检查。

8.7.15 电气线路使用的接线盒、分线盒、活接头、隔离密封件等连接件的选型,应符合设计要求和现行国家标准的规定。

检验数量:抽查 10%且不少于 1 处。

检验方法:目视检查,查阅设计文件。

8.7.16 电线、电缆的连接,应采用有防松措施的螺栓固定,或压接、钎焊、熔焊,但不得绕接。

检验数量:抽查 10%且不少于 1 处。

检验方法:目视检查。

8.7.17 固定敷设的铜芯低压电缆、电线的最小允许截面积应符合下列规定:

1 在爆炸危险环境 1 区,采用的最小线芯截面积为 2.5mm^2。

2 在爆炸危险环境 2 区,采用的最小线芯截面积为 1.5mm^2。

检验数量:抽查 10%且不少于 1 处。

检验方法:目视检查,查阅施工记录。

8.7.18 电缆不应有中间接头,特殊情况下需设中间接头时,必须在相应的防爆接线盒或分线盒内连接或分路。

检验数量:抽查 10%且不少于 1 处。

检验方法:目视检查。

8.7.19 电缆穿过下列不同危险区域或界壁时,必须采用隔离密封措施:

1 在交界处的电缆沟内,应采取充砂、填阻火堵料或加防火隔墙。

2 在保护管两端的管口处,应将电缆周围用非燃性纤维堵塞严密,再填塞密封胶泥,密封胶泥填塞深度不得小于管子内径,且不得小于 40mm。

3 电缆通过相邻区域共同的隔墙、楼板、地面及易受损处,应加以保护,留下的孔洞,应堵塞严密。

检验数量:抽查 10% 且不少于 1 处。

检验方法:目视检查。

8.7.20 防爆电气设备、接线盒的进线口,引入电缆后的密封应符合下列要求:

1 当电缆外护套必须穿过弹性密封圈或密封填料时,必须被弹性密封圈挤紧或被密封圈紧固。

2 外径大于或等于 20mm 的电缆,在隔离密封处组装防止电缆拔脱的组件时,应在电缆被拧紧或封固后,再拧紧固定电缆的螺栓。

3 电缆引入装置或设备进线口的密封,应符合:弹性密封圈的一个孔,应密封 1 根电缆;被密封的断面,应近似圆形;弹性密封圈及金属垫,应与电缆外径匹配,密封圈内径与电缆外径间允许差值为 ±1mm;弹性密封圈压紧后,应能将电缆沿圆周均匀地被挤紧。

检验数量:抽查 10% 且不少于 1 处。

检验方法:目视检查。

8.7.21 电缆引入防爆电动机需挠性连接时,可采用挠性连接管,其与防爆电动接线盒间,应按防爆要求配合,不同使用环境采用不同材质的挠性管。

检验数量:抽查 10% 且不少于 1 处。

检验方法：目视检查。

8.7.22 爆炸危险环境中的钢管敷设应符合下列规定：

1 钢管间及与灯具、开关、接线盒等的螺纹连接处紧密牢固，除设计有特殊要求外，连接处不跨接接地线，在螺纹上涂以电力复合酯或导线性防锈酯。

2 钢管安装牢固顺直，镀锌层锈蚀或剥落处做防腐处理。

检验数量：抽查 10％且不少于 1 处。

检验方法：目视检查，查阅测试记录。

8.7.23 在爆炸气体环境 1 区、2 区的钢管配线，在下列各处应装设不同型式的隔离密封件：

1 电气设备无密封装置的进线口。

2 管路通过与其他任何场所相邻的隔墙时，应在隔墙的任意一侧装设横向式隔离密封件。

3 管路通过楼板或地面引入其他场所时，均应在楼板或地面的上方装设纵向式密封件。

4 管径为 50mm 及以上的管路在距引入的接线箱 450mm 以内及每距 15m 处，应装设一隔离密封件。

5 易积结冷凝水的管路，应在其垂直段的下方装设排水式隔离密封件。排水口应置于下方。

检验数量：抽查 10％且不少于 1 处。

检验方法：目视检查，钢卷尺测量。

8.7.24 隔离密封件的制作，应符合下列要求：

1 隔离密封件的内壁，应无锈蚀、灰尘、油渍。

2 电线在密封件内不得有接头，且电线之间及与密封件壁之间的距离应均匀。

3 管路通过墙、楼板或地面时，密封件与墙面、楼板或地面的距离不应超过 300mm，且此段管路上不得有接头，并应将孔洞堵塞严密。

4 密封件内必须充填水凝性粉剂密封填料。

5 粉剂密封填料的包装必须密封。密封填料的配制应符合产品技术规定,浇灌时间严禁超过其初凝时间,并应一次灌足。凝固后其表面应无龟裂。排水式隔离密封件填充后的表面应光滑,并可自行排水。

检验数量:抽查 10% 且不少于 1 处。

检验方法:目视检查。

8.7.25 钢管配线应在下列各处装设防爆挠性管:

1 电机的进线口。

2 钢管与电气设备直接连接有困难处。

3 管路通过建筑物的伸缩缝、沉降缝。

检验数量:抽查 10% 且不少于 1 处。

检验方法:目视检查。

8.7.26 防爆挠性管应无裂纹、孔洞、机械损伤、变形等缺陷,安装时在不同环境中,应使用相应材质的挠性管。挠性管弯曲半径不应小于管外径的 5 倍。

检验数量:抽查 10% 且不少于 1 处。

检验方法:目视检查,钢卷尺测量。

8.7.27 接线盒和端子箱上多余的孔,应采用丝堵堵塞严密。当孔内有弹性密封圈时,其外侧应设钢质堵板,厚度不应小于 2mm,堵板应经压盘或螺母压紧。

检验数量:抽查 10% 且不少于 1 处。

检验方法:目视检查,卡尺测量。

8.7.28 在爆炸危险环境中的保护接地应符合下列要求:

1 接地干线宜在不同方向与接地体相连,连接处不得少于 2 处。接地干线通过与其他环境共用的隔墙或楼板时,应采用钢管保护,并做好隔离密封。

2 电气设备及灯具的专用接地线(PE),应单独与接地干线(网)相连,工作零线不得作为保护接地线用。

3 电气设备与接地线的连接,宜采用多股软绞线,铜线最小截面积不得小于 4mm^2。

4 铠装电缆的接地(PE)芯线应与电气设备内接地螺栓连接,钢带应与设备外接地螺栓连接。

5 接地或接零用的螺栓应有防松装置,接地线紧固前,接地端子及紧固件上应涂电力复合酯。

检验数量:抽查 10％且不少于 1 处。

检验方法:目视检查。

8.7.29 防静电接地安装应符合下列规定:

1 储存输送液化石油气、天然气的设备、储罐、管道的防静电接地装置可与防感应雷和电气设备的接地装置共同设置,其接地电阻值应符合防感应雷和电气设备接地的规定;只作防静电的接地装置,每一处接地体的接地电阻值应符合设计规定。

2 设备、机组、储罐、管道等的防静电接地线,应单独与接地体或接地干线相连;除并列管道外,不得互相串联接地。

3 防静电接地线应与设备、机组、储罐的固定接地端子或螺栓连接,连接螺栓不小于 M10 并应有防松装置和涂以电力复合酯。当采用焊接端子连接时,不得降低和损伤管道强度。

4 当金属法兰采用金属螺栓或卡子紧固时,可不另装跨接线。

5 当爆炸危险区内的非金属构架上平行安装的金属管道相互之间的净距小于 100mm 时,宜每隔 20m 用金属线跨接;金属管道相互交叉的净距小于 100mm 时,应采用金属线跨接。

6 容量为 50m^3 及以上的储罐,接地点不应少于 2 处,且接地点间距不应大于 30m。并在罐体底部周围对称与接地体连接,接地体应连接成环形的闭合回路。

7 易燃或可燃液体的浮动式储罐,在无防雷接地时,罐顶与罐体间应采用软铜线作不少于 2 处跨接,铜线截面不应小于 25mm^2。浮动式电气测量装置的电缆,应在引入储罐处将铠装可靠地与罐体连接。

8 钢筋混凝土储罐,沿其内壁敷设的防静电接地线,应与引入的金属管道及电缆的铠装连接,并引至罐外壁与接地体连接。

9 非金属管道、设备等,外壁上缠绕的金属丝网、金属带等,应紧贴其表面均匀地缠绕,并应可靠接地。

10 皮带传动的机组及其皮带的防静电接地刷、防护罩,均应接地。

检验数量:抽查 10% 且不少于 1 处。

检验方法:目视检查。

8.7.30 引入爆炸危险环境的金属管道、电线电缆钢管、电缆的铠装,均应在危险区域的进口处接地。

检验数量:抽查 10% 且不少于 1 处。

检验方法:目视检查。

9 自动化仪表及控制工程

9.1 一般规定

9.1.1 本章适用于城镇天然气站内自动化仪表及控制工程的施工质量验收。

9.1.2 安装在爆炸或火灾危险环境中的仪表、仪表线路、电气设备及材料,必须符合设计文件规定。

9.1.3 现场各类仪表安装前,应按规定进行单独校验。校验合格后,方可进行施工安装。

9.1.4 自动化仪表及控制系统中电源设备安装、电缆敷设工程施工质量应按照本标准第8章的规定验收。

9.2 温度取源部件及其仪表安装

Ⅰ 主控项目

9.2.1 取源部件的结构尺寸、材质、安装位置应符合设计文件规定。

　　检验数量:全数检查。

　　检验方法:查阅合格证、质量证明书,核对设计文件。

9.2.2 与管道垂直安装时,取源部件轴线应与管道轴线垂直相交。

　　检验数量:全数检查。

　　检验方法:目视检查,钢卷尺测量。

9.2.3 在管道拐弯处安装时,宜逆着物料流向,取源部件轴线应与管道轴线相重合。

检验数量:全数检查。

检验方法:目视检查,钢卷尺测量。

9.2.4 在管道呈倾斜角度安装时,宜逆着物料流向,取源部件轴线应与管道轴线相交。

检验数量:全数检查。

检验方法:目视检查,钢卷尺测量。

9.2.5 压力式温度计的温包必须全部浸入被测对象中,毛细管的敷设应有保护措施,其弯曲半径不应小于 50mm,周围温度变化剧烈时应采取隔热措施。

检验数量:全数检查。

检验方法:目视检查。

Ⅱ 一般项目

9.2.6 在设备和管道上安装取源部件的开孔和焊接工作,必须在设备或管道的防腐、衬里和压力试验前进行。

检验数量:抽查 30% 且不少于 1 件。

检验方法:查阅施工记录。

9.2.7 取源部件安装完毕后,应随同设备管道进行压力试验。

检验数量:抽查 30% 且不少于 1 件。

检验方法:查阅压力试验记录。

9.2.8 温度检测表与取源部件安装应牢固,不应承受非正常的外力。

检验数量:抽查 30% 且不少于 1 件。

检验方法:目视检查。

9.3 压力取源部件及其仪表安装

Ⅰ 主控项目

9.3.1 压力取源部件的尺寸、材质、安装位置应符合设计文件要求;当设计文件对安装位置无要求时,应选择介质流束稳定的地方。

检验数量:全数检查。

检验方法:目视检查,查阅合格证、质量证明书,核对设计文件。

9.3.2 压力取源部件与温度取源部件在同一管段上时,应安装在温度取源部件的上游侧。

检验数量:全数检查。

检验方法:目视检查。

9.3.3 压力取源部件的端部不应超出设备或管道的内壁。

检验数量:全数检查。

检验方法:目视检查。

9.3.4 压力取源部件在水平和倾斜管道上安装时,测量气体压力的取压点应在管道上半部;测量液体压力的取压点应在管道下半部与管道水平中心线成 0°~45°夹角范围内。

检验数量:全数检查。

检验方法:目视检查。

9.3.5 测量高压的压力表安装在操作岗位附近时,应距地面 1.8m以上,或在仪表正面加保护罩。

检验数量:全数检查。

检验方法:目视检查。

Ⅱ 一般项目

9.3.6 取源部件安装完毕后,应随同设备管道进行压力试验。

检验数量:抽查 30%且不少于 1件。

检验方法:查阅压力试验记录。

9.3.7 压力检测表与取源部件安装应牢固,不应承受非正常的外力。

检验数量:抽查 30%且不少于 1件。

检验方法:目视检查。

9.4 流量取源部件及其仪表安装

Ⅰ 主控项目

9.4.1 取源部件的结构尺寸、材质、安装位置应符合设计文件规定。

检验数量:全数检查。

检验方法:查阅合格证、质量证明书,核对设计文件。

9.4.2 流量取源部件上、下游直管段的最小长度应符合设计文件及设备技术文件规定。

检验数量:全数检查。

检验方法:目视检查,查阅施工记录,钢卷尺测量。

9.4.3 在规定的直管段最小长度范围内,不得设置其他取源部件或检测元件,直管段管子内表面应清洁,无凹坑和凸出物。

检验数量:全数检查。

检验方法:目视检查,查阅施工记录。

9.4.4 在节流件的上游安装温度计,当温度计套管和插孔直径小于或等于 $0.03D(D$ 为管道内径)时,温度计与节流件间的最小直管段应为 $5D$;当温度计套管和插孔直径在 $0.03D$ 至 $0.13D$ 之间时,温度计与节流件间的最小直管段应为 $20D$。

检验数量:全数检查。

检验方法:钢卷尺测量,查阅施工记录。

9.4.5 在节流件的下游安装温度计时,温度计与节流件间的直管段长度不应小于管道内径的 5 倍。

检验数量:全数检查。

检验方法:钢卷尺测量。

9.4.6 在水平和倾斜的管道上安装节流装置,测量气体流量时,取压口应在管道上半部;测量液体流量时,取压口应在管道下半部与管道的水平中心线成 $0°\sim45°$ 夹角的范围内。

检验数量:全数检查。

检验方法:目视检查。

9.4.7 孔板或喷嘴采用单独钻孔的角接取压时,上、下游侧取压孔轴线分别与孔板或喷嘴上、下游侧端面间的距离应等于取压孔板直径的 1/2。取压孔的直径宜在 4mm～10mm 之间,上、下游侧取压孔的直径应相等。取压孔的轴线应与管道的轴线垂直相交。

检验数量:全数检查。

检验方法:查阅施工记录。

9.4.8 孔板采用法兰取压或 D 或 $D/2$ 取压时(D 为管道内径),上、下游侧取压孔的直径应相等,取压孔的轴线应与管道的轴线垂直相交,上、下游侧取压孔的轴线分别与上、下游侧端面间的距离应符合表 9.4.8 的规定。

表 9.4.8 上、下游侧取压孔的轴线分别与上、下游侧端面间的距离

取压方式	直径比	$D<150$mm	$150\mathrm{mm}\leqslant D\leqslant1\,000\mathrm{mm}$
孔板采取法兰取压	$\beta>0.6$	25.4 ± 0.5 mm	—
	$\beta\leqslant0.6$ 或 $\beta>0.6$	—	(25.4 ± 1)mm
孔板采用 D 或 $D/2$ 取压	$\beta>0.6$	$0.5D\pm0.1D$	
	$\beta\leqslant0.6$	$0.5D\pm0.02D$	

注: D 为管道内径, β 为工作状态下节流件的内径与管道内径之比。

检验数量:全数检查。

检验方法:查阅施工记录,钢卷尺测量。

9.4.9 用均压环取压时,取压孔应在同一截面上均匀设置,且上、下游侧取压孔的数量应相等。

检验数量:全数检查。

检验方法:目视检查,钢尺测量。

9.4.10 皮托管、文丘里式皮托管和均速管等流量测量元件的取源部件的轴线,应与管道轴线垂直相交。

检验数量:全数检查。

检验方法:目视检查,钢尺测量。

9.4.11 流量检测表节流件的安装应符合下列规定:

1 节流件的安装方向,必须使流体从节流件的上游端面流向节流件的下游端面。

2 孔板的锐边或喷嘴的曲面侧应迎着被测流体的流向。

3 在水平和倾斜的管道上安装孔板或喷嘴,若有排泄孔时,当流体为液体时应在管道的正上方;当流体为气体或蒸汽时应在管道的正下方。

4 环室上有"+"号的一侧应在被测流体流向的上游侧。

5 当箭头标明流向时,箭头的指向应与被测流体的流向一致。

6 节流件的端面应垂直于管道轴线。

7 安装节流件的密封垫片的内径不应小于管道的内径,夹紧后不得突入管道内壁。

8 节流件应与管道或夹持件同轴,其轴线与上、下游管道轴线之间的不同轴线误差 e_x 应符合下式的要求:

$$e_x \leqslant 0.0025D/(0.1+2.3\beta^4)$$

式中:D ——管道内径;

β ——工作状态下节流件的内径与管道内径之比。

检验数量:全数检查。

检验方法:目视检查,查阅施工记录。

9.4.12 差压计或差压变送器正、负压室与测量管道的连接应正确,引压管倾斜方向和坡度以及隔离器、冷凝器、沉降器、集气器的安装均应符合设计文件的规定。

检验数量:全数检查。

检验方法:目视检查,核对设计文件。

9.4.13 转子流量计中心线与铅垂线间的夹角不应超过 2°,被测流体流向必须自下而上。

检验数量:全数检查。

检验方法:目视检查,钢卷尺测量。

9.4.14 靶式流量计的中心应与管道轴线同心,靶面应迎着流向且与管道轴线垂直,上、下游直管长度应符合设计文件要求。

检验数量:全数检查。

检验方法:目视检查,测量连接法兰与管道的同轴度。

9.4.15 涡轮流量计信号线应使用屏蔽线,上、下游直管段的长度应符合设计文件要求,前置放大器与变送器之间的距离不宜大于 3m。放大器与流量计分开装时,二者间的距离不应超过 20m。

检验数量:全数检查。

检验方法:目视检查,钢卷尺测量。

9.4.16 电磁流量计的安装应符合下列规定:

1 流量计外壳、被测流体和管道连接法兰三者间应做等电位连接,并应接地。

2 在垂直管道上安装时,被测流体的流向应自下而上;在水平管道上安装时,2 个测量电极不应在管道的正上方和正下方位置。

3 流量计上游直管段长度和安装支撑方式应符合设计文件要求。

检验数量:全数检查。

检验方法:目视检测,钢卷尺测量。

9.4.17 椭圆齿轮流量计的刻度盘面应处于垂直平面内。椭圆齿轮流量计和腰轮流量计在垂直管道上安装时,管道内流体流向应自下而上。

检验数量:全数检查。

检验方法:目视检查。

9.4.18 超声波流量计上、下游直管段长度应符合设计要求。对于水平管道,换能器的位置应在与水平直径成 45°夹角的范围内。被测管道内壁不应有影响测量精度的结垢层或涂层。

检验数量:全数检查。

检验方法：目视检查。

9.4.19 均速管流量计的安装应符合：总压测孔应迎着流向，其角度允许偏差不应大于 3°；检测杆应通过并垂直于管道中心线，其偏离中心和轴线不垂直的误差不应大于 3°；流量计上、下游直管段的长度应符合设计文件要求。

检验数量：全数检查。

检验方法：目视检测，钢卷尺测量。

Ⅱ 一般项目

9.4.20 在设备和管道上安装取源部件的开孔和焊接工作，必须在设备或管道的防腐、衬里和压力试验前进行。

检验数量：抽查 30％且不少于 1 件。

检验方法：查阅施工记录。

9.4.21 取源部件安装完毕后，应随同设备管道进行压力试验。

检验数量：抽查 30％且不少于 1 件。

检验方法：查阅压力试验记录。

9.4.22 流量检测表与取源部件安装应牢固，不应承受非正常的外力。

检验数量：抽查 30％且不少于 1 件。

检验方法：目视检查。

9.5 物位取源部件及其仪表安装

Ⅰ 主控项目

9.5.1 钢带液位计的导管应垂直安装，钢带应处于导管的中心并滑动自如。

检验数量：全数检查。

检验方法：目视检查。

9.5.2 罐内液位计及传感器的安装、调试应在封罐前完成。

检验数量:全数检查。

检验方法:目视检查。

9.5.3 双法兰式差压变送器毛细管的敷设应有保护措施,其弯曲半径不应小于 50mm,周围温度变化剧烈时应采取隔热措施。

检验数量:全数检查。

检验方法:目视检查。

Ⅱ 一般项目

9.5.4 浮力式液位计的安装高度应符合设计文件规定。

检验数量:抽查 30% 且不少于 1 件。

检验方法:目视检查,检查施工记录。

9.5.5 浮筒液位计的安装应使浮筒呈垂直状态,并处于浮筒中心正常操作液位或分界液位的高度。

检验数量:抽查 30% 且不少于 1 件。

检验方法:目视检查,检查施工记录。

9.6 现场控制柜

Ⅰ 主控项目

9.6.1 防爆设备必须有铭牌和防爆标志,并在铭牌上标明防爆合格证编号。

检验数量:全数检查。

检验方法:目视检查,检查标志和合格证。

9.6.2 仪表盘、柜、箱内的本质安全电路与并联电路或其他电路的接线端子之间的间距不应小于 50mm,并采用蓝色标识;当间距不符合要求时,应采用高于端子的绝缘板隔离。

检验数量:全数检查。

检验方法:目视检查。

9.6.3 保护接地的安装和接地电阻值应符合设计要求。

— 131 —

检验数量:全数检查。

检验方法:目视检查,查阅接地电阻测试记录。

9.6.4 仪表盘、柜、箱不应有变形和油漆损伤。

检验数量:全数检查。

检验方法:目视检查。

9.6.5 仪表盘、柜、操作台之间及其内部各设备构件之间的连接应牢固,安装用的紧固件应为防锈材料。安装固定不应采用焊接方式。

检验数量:全数检查。

检验方法:目视检查。

9.7 仪表电源设备

9.7.1 继电器、接触器和开关的触点,接触应紧密可靠,动作应灵活,无锈蚀、损坏;固定和接线用的紧固件、接线端子应完好无损,且无污物和锈蚀。

检验数量:全数检查。

检验方法:目视检查。

9.7.2 盘、柜内安装的电源设备及配电线路,强、弱电的端子应分开布置。

检验数量:全数检查。

检验方法:目视检查。

9.7.3 电源设备的带电部分与金属外壳之间的绝缘电阻,用500兆欧表测量时不应小于 $5M\Omega$。

检验数量:全数检查。

检验方法:查阅试验记录。

9.7.4 电源设备工作接地和保护接地的方式和接地电阻值应符合设计文件规定。

检验数量:全数检查。

检验方法:目视检查,查阅接地电阻测试记录。

Ⅱ　一般项目

9.7.5 仪表盘、柜、操作台的型钢底座的制作尺寸,应与仪表盘、柜、操作台相符,其直线度允许偏差为 1mm/m;当型钢底座长度大于 5m 时,全长允许偏差为 5mm。

检验数量:抽查 30% 且不少于 1 件。

检验方法:拉线和钢卷尺测量。

9.7.6 仪表盘、柜、操作台的型钢底座安装时,上表面应保持水平,其水平度允许偏差为 1mm/m;当型钢底座长度大于 5m 时,全长允许偏差为 5mm。

检验数量:抽查 30% 且不少于 1 件。

检验方法:拉线、钢卷尺和水平仪测量。

9.7.7 单独的仪表盘、柜、操作台应固定牢固,垂直度允许偏差为 1.5mm/m,水平度允许偏差为 1mm/m。

检验数量:抽查 30% 且不少于 1 件。

检验方法:拉线、钢卷尺和水平仪测量。

9.7.8 成排的仪表盘、柜、操作台安装质量应符合下列规定:

1 同一系列规格相邻两仪表盘、柜、操作台的顶部高度允许偏差为 2mm。

2 当同一系列规格仪表盘、柜、操作台间的连接处超过 2 处时,顶部高度允许偏差为 5mm。

3 相邻两仪表盘、柜、操作台接缝处正面的平面度偏差为 1mm。

4 当仪表盘、柜、操作台间的连接处超过 5 处时,正面的平面度偏差为 5mm。

5 相邻两仪表盘、柜、操作台间的接缝的间隙不大于 2mm。

　　检验数量:抽查 30% 且不少于 1 件。

　　检验方法:拉线、钢卷尺和水平仪测量。

9.7.9 仪表箱、保温箱、保护箱应固定牢固,成排安装时应整齐美观。垂直度允许偏差为 3mm;当箱的高度大于 1.2m 时,垂直度允许偏差为 4mm。水平度允许偏差为 3mm。

　　检验数量:抽查 30% 且不少于 1 件。

　　检验方法:目视检查,钢卷尺和水平仪测量。

9.7.10 就地接线箱的安装应密封并标明编号,箱内接线应标明线号。

　　检验数量:抽查 30% 且不少于 1 件。

　　检验方法:目视检查。

9.7.11 仪表盘、柜、箱内各回路的各类接地,应分别由各自的接地支线引至接地汇流排或接地端子板,由接地汇流排或接地端子板引出接地干线,再与接地总干线和接地极相连,实测接地电阻值符合设计要求。各接地支线、汇流排或端子板之间在非连接处应彼此绝缘。

　　检验数量:抽查 30% 且不少于 1 件。

　　检验方法:目视检查,查阅接地电阻施工记录。

9.7.12 供电箱和箱体中心距操作地面的高度宜为 1.2m～1.5m,成排安装时应排列整齐美观。

　　检验数量:抽查 30% 且不少于 1 件。

　　检验方法:目视检查。

9.7.13 电源设备的安装应牢固、整齐、美观,设备位号、端子号、用途标志、操作标志等应完整无缺。

　　检验数量:抽查 30% 且不少于 1 件。

　　检验方法:目视检查。

9.8　仪表线路配线

9.8.1　接线应正确、牢固。

检验数量:全数检查。

检验方法:目视检查。

9.8.2　电缆不应有中间接头,无法避免时应在接线盒或拉线盒内进行,接线宜采用压接;当采用焊接时,应采用无腐蚀性的焊药。补偿导线应采用压接。对爆炸危险区域线路进行接线时,必须在设计文件规定采用的防爆接线箱内接线。接线必须牢固可靠,接触良好,并应加防松和防拔装置。

检验数量:全数检查。

检验方法:目视检查。

9.8.3　光纤连接操作中应无损伤或折断,在连接前和连接后均应对光纤进行测试。

检验数量:全数检查。

检验方法:查阅施工测试记录。

9.8.4　同轴电缆和高频电缆的连接应采用专用接头。

检验数量:全数检查。

检验方法:目视检查。

9.8.5　仪表盘、柜、箱内的线路不应有接头,其绝缘保护层不应有损伤。

检验数量:抽查 30% 且不少于 1 处。

检验方法:目视检查。

9.8.6　仪表盘、柜、箱内的线路宜敷设在汇线槽内;明敷时,线束扎带应使用绝缘材料。

检验数量:抽查 30％且不少于 1 处。

检验方法:目视检查。

9.8.7 线芯端头宜采用接线片压接。

检验数量:抽查 30％且不少于 1 处。

检验方法:目视检查。

9.8.8 备用芯线应接在备用端子上,宜与接地线连接;无指定备用端子的备用线,应按本盘、柜、箱的最大长度预留,并应按设计文件要求标注备用线号。

检验数量:抽查 30％且不少于 1 处。

检验方法:目视检查。

9.9　系统功能调试

主控项目

9.9.1 仪表供电电源调试应包括下列内容,其结果必须符合设计文件或产品说明书的规定:

　1　测量和调整输出电压。

　2　电源整流和稳压性能试验。

　3　不间断电源应进行自动切换性能测试。

检验数量:全数检查。

检验方法:查阅试验记录。

9.9.2 综合控制系统的硬件测试应包括下列内容,其结果必须符合设计文件的规定:

　1　盘、柜和仪表装置的绝缘电阻测量。

　2　接地系统检查和接地电阻测量。

　3　测量和调整电源设备和电源插卡各种输出电压。

　4　全部设备和通电状态检查。

　5　独立的显示、记录、控制、报警等仪表设备的单台校准和试验。

6 装置内的插卡、控制和通信设备、操作站、计算机及其外部设备等进行状态检查。

7 输入、输出插卡的校准和试验。

检验数量：全数检查。

检验方法：查阅试验记录。

9.9.3 综合控制系统的软件测试应包括下列内容，其结果必须符合设计文件的规定：

1 系统显示、处理、操作、控制、报警、诊断、通信、打印、拷贝等基本功能的检查试验。

2 控制方案、控制和连锁程序的检查。

检验数量：全数检查。

检验方法：查阅试验记录。

9.9.4 回路试验应符合下列规定：

1 在检测回路的信号输入端模拟被检测变量的标准信号，回路的显示仪表部分的示值误差不应超过回路内各单台仪表允许基本误差平方和的平方根值（温度检测回路可在检测元件的输出端向回路输入相应的电阻值信号或电压值信号）。

检验数量：全数检查。

检验方法：查阅回路试验记录。

2 通过控制器或操作站的输出向执行器发送控制信号，执行器执行机构的全行程动作方向和位置应正确。当执行器带有定位器时，应同时进行检查试验；当控制器或操作站上有执行器的开度和起点、终点信号显示时，应同时进行检查试验。

检验数量：全数检查。

检验方法：查阅回路试验记录。

9.9.5 报警系统的试验应包括下列内容，其结果应符合设计文件的规定：

1 根据设计文件的设定值整定各种检测报警开关、仪表的报警输出部件和接点。

2 在报警回路的信号发生端模拟输入信号,报警灯光、音响和屏幕显示应正确。

3 报警的消音、复位和记录功能应正确。

检验数量:全数检查。

检验方法:查阅系统试验记录。

9.9.6 程序控制系统试验应包括下列内容,其结果应符合设计文件的规定:

1 整定各有关仪表和部件的动作设定值。

2 检查试验条件判定、逻辑关系、动作时间和输出状态。

检验数量:全数检查。

检验方法:查阅系统试验记录。

9.9.7 连锁控制系统的连锁条件和输入输出功能应符合设计文件的规定。

检验数量:全数检查。

检验方法:查阅系统试验记录。

10 消防工程

10.1 一般规定

10.1.1 本章适应于城镇天然气场站消防工程的质量验收,包括消防水系统、消防设施及可燃气体报警系统。

10.1.2 消防工程施工质量验收,除应符合本标准之外,尚应符合国家现行有关标准的规定。

10.1.3 消防水系统中涉及的钢质管道、阀门安装应按照本标准第7章及现行国家标准《工业金属管道工程施工质量验收规范》GB 50184进行质量验收。球墨铸铁管连接应按照现行国家标准《给水排水管道工程施工及验收规范》GB 50268进行质量验收。钢丝网骨架塑料复合管应按照现行行业标准《埋地塑料给水管道工程技术规程》CJJ 101进行质量验收。

10.1.4 火灾自动报警系统安装及调试应按照现行国家标准《火灾自动报警系统施工及验收规范》GB 50166进行质量验收。

10.1.5 气体灭火系统安装及调试应按照现行国家标准《气体灭火系统施工及验收规范》GB 50263进行质量验收。

10.1.6 消防水炮系统安装及调试应按照现行国家标准《固定消防炮灭火系统施工与验收规程》GB 50498进行质量验收。

10.1.7 泡沫灭火系统安装及调试应按照现行国家标准《泡沫灭火系统施工及验收规范》GB 50281进行质量验收

10.1.8 自动喷淋、水幕系统安装应按照现行国家标准《自动喷水灭火系统施工及验收规范》GB 50261进行质量验收。

10.1.9 消防泵、稳压泵的安装应按照现行国家标准《机械设备安装工程施工及验收通用规范》GB 50231、《风机、压缩机、泵安装工程施工及验收规范》GB 50275 及《消防给水及消火栓系统技术规范》GB 50974 进行质量验收。

10.1.10 消火栓安装除执行本章第 10.2 节外,尚应符合现行国家标准《消防给水及消火栓系统技术规范》GB 50974 的要求及设计文件规定。

10.1.11 可燃气体报警系统中电源设备安装、电缆敷设工程施工质量应按照本标准第 8 章的规定进行验收。可燃气体报警系统安装完成后,应进行系统联动调试。

10.2 消防水系统

Ⅰ 主控项目

10.2.1 消防水系统的设备、系统组件、管材管件等应符合国家现行相关产品标准,并应具有出厂合格证或质量认证书。

检验数量:全数检查。

检验方法:目视检查,查阅质量证明文件。

10.2.2 消防水泵及稳压泵的流量、压力及电机功率等应符合设计文件规定。

检验数量:全数检查。

检验方法:目视检查,查阅设计文件。

10.2.3 管道及管件材质选用、管道的安装要求应符合设计文件规定,管道基础应夯实。

检验数量:全数检查。

检验方法:目视检查,查阅设计文件和施工记录。

Ⅱ 一般项目

10.2.4 消防水管与设备连接前应清除管内污垢和杂物,管道施工完毕后应对敞口进行封闭,以免杂物进入。

检验数量:全数检查。

检验方法:目视检查。

10.2.5 埋地消防给水管道的基础和支墩应符合设计要求;当设计无规定时,应在管道三通、转弯处及铸铁管接头处设置支墩。

检验数量:全数检查。

检验方法:目视检查,查阅设计文件和施工记录。

10.3 消火栓安装

Ⅰ 主控项目

10.3.1 消火栓的规格、型号、数量、位置、安装方式、间距应符合设计文件规定。

检验数量:全数检查。

检验方法:目视检查,钢卷尺测量。

10.3.2 消火栓的位置标志应明显,栓口的位置应方便操作。

检验数量:全数检查。

检验方法:目视检查。

Ⅱ 一般项目

10.3.3 地上式室外消火栓应垂直安装,并配套水龙带、水枪和快速接头,按规定放置在消防箱的支架上。

检验数量:全数检查。

检验方法:目视检查。

10.3.4 消火栓外观应无损伤,表面无疤痕、毛刺、裂纹等缺陷,外部漆膜光滑、平整、色泽一致、无气泡。

检验数量:全数检查。

检验方法:目视检查。

10.4 消防管网水压试验

Ⅰ 主控项目

10.4.1 系统试压用压力表不应少于 2 只,精度不应低于 1.5 级,量程为压力试验的 1.5 倍~2 倍。水压强度试验应符合设计要求;当设计无要求时,应按表10.4.1的规定执行。

表 10.4.1 水压强度试验压力

管道材质	系统工作压力 P(MPa)	试验压力(MPa)
钢管	≤1.0	$1.5P$,且不应小于 1.4
	>1.0	$P+0.4$
球墨铸铁管	≤0.5	$2P$
	>0.5	$P+0.5$
钢丝网骨架塑料管	P	$1.5P$,且不应小于 0.8

检验数量:全数检查。

检验方法:目视检查和查阅试压记录。

10.4.2 水压强度试验的测试点应设在系统管道的最低点。管网注水时应将管网内的空气排净,并应缓慢升压,达到试验压力稳压 30min 后,管网应无泄漏、无变形,且压力降不应大于 0.05MPa。

检验数量:全数检查。

检验方法:目视检查和查阅试压记录。

10.4.3 严密性试验应在水压强度试验合格后进行,试验压力为系统工作压力,稳压 24h,应无泄漏。

检验数量:全数检查。

检验方法:目视检查和查阅试压记录。

II 一般项目

10.4.4 水压试验时,环境温度不宜低于5℃;当低于5℃时,水压试验应采取防冻措施。

检验数量:全数检查。

检验方法:温度计测量。

10.4.5 埋地消防管道应在水压试验合格后进行回填。

检验数量:全数检查。

检验方法:目视检查和查阅试压记录。

10.5 消防管网水冲洗

I 主控项目

10.5.1 管网冲洗的水流流速、流量不应小于系统设计水流流速、流量;管网冲洗宜分区、分段进行;水平管网冲洗时,其排水管位置应低于冲洗管网。

检验数量:全数检查。

检验方法:目视检查和流量计测量。

10.5.2 管网冲洗时的水流方向应与灭火时管网的水流方向一致。

检验数量:全数检查。

检验方法:目视检查。

10.5.3 管网冲洗时应连续进行。当出口出水的颜色、透明度与入口处水的颜色、透明度基本一致时,冲洗方可结束。

检验数量:全数检查。

检验方法:目视检查。

II 一般项目

10.5.4 管网冲洗宜设临时排水管道,其排放应畅通和安全。排水管道的截面面积不得小于被冲洗管道截面面积的60%。

检验数量：全数检查。

检验方法：目视检查和尺量、试水检查。

10.5.5 管网的地上管道和地下管道连接前，应在管道连接处加设堵头后对地下管道进行冲洗。

检验数量：全数检查。

检验方法：目视检查。

10.5.6 管网冲洗结束后，应将管网内的水排除干净。

检验数量：全数检查。

检验方法：目视检查。

10.6 消防水系统调试

Ⅰ 主控项目

10.6.1 消防水源的供水能力应符合设计文件规定，并做供水试验进行验证。

检验数量：全数检查。

检验方法：目视检查，通水试验。

10.6.2 消防水泵调试应包括下列内容：

1 配有冷却系统的消防泵应先进行冷却系统的调试，并调试合格。

2 以自动或手动方式直接启动消防水泵时，应在55s内投入正常运行，且应无不良噪声和振动。

3 以备用电源切换方式或备用泵切换启动消防水泵时，消防水泵应在1min或2min内投入正常运行。

4 消防泵与备用泵应在设计负荷下进行转换运行试验，其主要性能应符合设计要求。以自动和手动的方式各进行1次～2次试验。

检验数量：全数检查。

检验方法：目视检查。

10.6.3 稳压泵应按设计要求进行调试。当达到设计启动条件时，稳压泵应立即启动；当达到系统设计压力时，稳压泵应自动停止运行；当消防主泵启动时，稳压泵应停止运行。稳压泵正常工作时，启停次数不应大于 15 次/h。

检验数量：全数检查。

检验方法：目视检查，查阅调试记录。

10.6.4 消火栓系统安装完成后应进行消火栓水喷射试验，并达到设计文件规定。

检验数量：室内消火栓取最高点和最低点各 2 处；室外消火栓按 10％抽查且不小于 2 处。

检验方法：目视检查，查阅消火栓系统测试记录。

10.6.5 湿式报警阀调试应包括下列内容：

1 在试水装置处放水，当湿式报警阀进口水压大于0.14MPa，放水流量大于 1L/s 时，报警阀应及时启动；带延迟器的水力警铃应在 5s～90s 内发出报警铃声，不带延迟器的水力警铃应在 15s 内发出报警铃声；压力开关应及时动作，并反馈信号。

检验数量：全数检查。

检验方法：目视检查，压力表、流量计、秒表测试。

2 湿式系统的联动试验，启动一只喷头或以 0.94L/s～1.5L/s 的流量从末端试水装置处放水时，水流指示器、报警阀、压力开关、水力警铃和消防水泵等应及时动作并发出相应的信号。

检验数量：全数检查。

检验方法：目视检查，打开阀门放水，使用流量计测量。

10.6.6 干式报警阀调试应包括下列内容：

1 开启系统试验阀，报警阀的启动时间、启动点压力、水流到试验装置出口所需时间，均应符合设计文件规定。

检验数量：全数检查。

检验方法：目视检查，压力表、流量计、秒表、声强计测量。

2 干式系统的联动试验,启动 1 只喷头或模拟 1 只喷头的排气量排气,报警阀应及时启动,压力开关、水力警铃动作并发出相应信号。

检验数量:全数检查。

检验方法:目视检查。

10.6.7 雨淋阀组应按产品使用说明书进行调试。自动和手动方式启动的雨淋阀,应在 15s 之内启动;公称直径大于 200mm 的雨淋阀组调试时,应在 60s 之内启动。雨淋阀组调试时,当报警水压为 0.05MPa 时,水力警铃应发出报警铃声。

检验数量:全数检查。

检验方法:目视检查,压力表、流量计、秒表、声强计测量。

Ⅱ 一般项目

10.6.8 消防泵的振动值应符合产品技术文件规定。

检验数量:全数检查。

检验方法:查阅振动监测记录。

10.7 干粉储存和驱动气体装置安装

Ⅰ 主控项目

10.7.1 干粉储存容器、容器阀、驱动气体容器、减压阀、瓶头阀、压力表、集流管、安全泄压装置等应按产品安装使用说明书和设计要求进行安装。

检验数量:全数检查。

检验方法:核对产品安装使用说明书及设计文件。

10.7.2 预制灭火装置应整体安装,不得拆卸安装。

检验数量:全数检查。

检验方法:目视检查。

10.7.3 干粉储存和驱动气体装置的安装位置、环境、耐火等级、应急照明装置、机械排风装置等安全设施的设置应符合设计文件规定。

检验数量：全数检查。

检验方法：目视检查,查阅设计文件。

10.7.4　干粉储存和驱动气体装置的连接管道及附件连接方式、固定型式、位置、间距应符合设计文件规定。

检验数量：全数检查。

检验方法：目视检查,查阅设计文件。

10.7.5　干粉储存和驱动气体装置的防腐涂层应为红色。

检验数量：全数检查。

检验方法：目视检查。

10.8　干粉灭火系统调试

主控项目

10.8.1　干粉灭火系统应分别进行手动和自动模拟启动、机械应急操作试验。

检验数量：全数检查。

检验方法：目视检查,查阅试验记录。

10.8.2　干粉灭火系统喷射试验,选择最不利点的防护区或保护对象,以自动控制的方式进行一次干粉喷射试验;在自动控制时,系统控制装置应在收到两个独立火警探测信号后才能启动,并应延迟喷放,延迟时间不应大于 30s,且干粉最小供给速率应符合设计文件规定。

检验数量：全数检查。

检验方法：目视检查,查阅试验记录。

10.9 消防控制系统调试

主控项目

10.9.1 消防控制系统安装完成后,应分别对各消防控制设备(装置)逐个进行单机通电检查。

检验数量:全数检查。

检验方法:目视检查,查阅试验记录。

10.9.2 消防控制系统通电后,按现行国家标准《消防联动控制系统》GB 16806 的有关规定对消防控制系统进行功能调试,其结果应符合设计文件规定。

检验数量:全数检查。

检验方法:目视检查,查阅调试记录。

10.9.3 消防控制系统功能调试完成后,应进行消防控制系统联动调试,系统的控制、显示功能应符合设计文件规定。

检验数量:全数检查。

检验方法:目视检查,查阅系统联动调试记录。

10.10 可燃气体报警系统

I 主控项目

10.10.1 可燃气体报警系统的主要设备必须是通过国家强制认证(认可)的产品。产品名称、型号、规格应与检验报告一致。

检验数量:全数检查。

检验方法:目视检查,查阅质量证明书。

10.10.2 安装在爆炸危险环境中的设备及材料,必须符合设计文件规定。防爆设备必须有铭牌和防爆标志,并在铭牌上标明防爆合格证编号。

检验数量:全数检查。

检验方法:目视检查,查阅质量证明书和设计文件。

10.10.3 系统组成形式和系统设备规格、型号、功能、安装位置及安装方式应符合设计文件规定。

检验数量:全数检查。

检验方法:目视检查,查阅设计文件。

10.10.4 系统防电涌保护和信号输出应符合设计文件规定。

检验数量:全数检查。

检验方法:观察检查,查阅设计文件。

10.10.5 报警控制器的主电源应有明显的永久性标志,严禁使用电源插头。控制器与外接电源之间应直接连接。

检验数量:全数检查。

检验方法:目视检查。

10.10.6 报警控制器的接地应牢固,并有明显的永久性标志。

检验数量:全数检查。

检验方法:目视检查。

10.10.7 探测器设备型号、规格、性能应符合设计文件规定,防爆标志清晰且在有效期内。

检验数量:全数检查。

检验方法:目视检查,查阅设计文件。

10.10.8 点型可燃气体探测器的安装位置应符合设计文件规定;当设计无要求时,应符合现行国家标准《石油化工可燃气体和有毒气体检测报警设计规范》GB 50493 的要求。

检验数量:全数检查。

检验方法:目视检查,钢卷尺测量。

10.10.9 可燃气体报警系统安装完成后,报警控制器和探测器应分别调试合格,按照现行国家标准《石油化工可燃气体和有毒气体检测报警设计规范》GB 50493、《火灾自动报警系统设计规范》GB 50116 的有关规定和设计联动逻辑关系进行系统调试。

检验数量：全数检查。

检验方法：目视检查，查阅调试记录。

10.10.10 系统的施工质量和功能验收应满足下列要求：

1 系统通电，控制器、探测器显示正常，各参数设置正常。

2 控制器、探测器功能检验正常。

3 按 20％抽检探测器模拟可燃气体泄漏，测试响应和检验故障信号。

4 按 20％抽检探测器，模拟 20％LEL 和 50％LEL 可燃气体浓度泄漏，测试响应。

检验数量：全数检查。

各项检验项目中，当有不合格时，应修复或更换，并进行复验。复验时，对有抽验比例要求的，应加倍检验。

检验方法：目视检查，仪表测量，检查各项记录。

Ⅱ 一般项目

10.10.11 系统设备及配件表面应无明显划痕、毛刺等机械损伤，紧固部位应无松动。

检验数量：全数检查。

检验方法：目视检查。

10.10.12 电缆选型、电缆敷设、设备连接应符合设计文件规定。

检验数量：全数检查。

检验方法：目视检查，查阅设计文件。

10.10.13 报警控制器在墙上安装时，其底边距地（楼）面高度宜为 1.3m～1.5m，其靠近门轴的侧面距墙不应小于 0.5m，正面操作距离不应小于 1.2m；落地安装时，其底边宜高出地面 0.1m～0.2m。

检验数量：全数检查。

检验方法：目视检查，钢卷尺测量。

10.10.14 探测器设备外壳完整，接地良好且标志清晰。隔爆面无损伤、无砂眼、无机械伤痕,不应有锈蚀层,螺纹最少啮合深度符合规范要求。

检验数量:全数检查。

检验方法:目视检查。

10.10.15 系统设备的金属外壳、金属支架、金属保护管、非带电的裸露金属部分,均应接地。引入爆炸危险环境的金属管道、配线金属管、电缆的铠装层及金属外壳应在入口处接地。

检验数量:全数检查。

检验方法:目视检查。

11 安防工程

11.1 一般规定

11.1.1 本章适应于城镇天然气场站安防系统的质量验收,包括视频监控、电子围栏周界报警系统和车辆阻挡装置。

11.1.2 安防系统工程施工质量验收,除应符合本标准之外,尚应符合国家现行有关标准的规定。主要设备应有型式检验报告或 3C 认证。

11.1.3 安装在爆炸或火灾危险环境中的安防设备及材料,必须符合设计文件规定。防爆设备必须有铭牌和防爆标志,并在铭牌上标明防爆合格证编号。

11.1.4 安防系统中电源设备安装、电缆敷设工程施工质量应按照本标准第 8 章的规定验收。

11.2 摄像机安装

Ⅰ 主控项目

11.2.1 摄像机点位的安装位置、选型、分辨率等级等应符合安防系统的相关规范、标准的要求和设计文件规定;彩色数字摄像机的机身或机芯上应有标志,标志的耐擦性应符合现行国家标准《安全防范报警设备安全要求和试验方法》GB 16796 中第 5.3.2 条的要求。通过标志应能反映产品标识,以及制造企业、电源、生产批号或生产日期等内容。

检验数量:全数检查。

检验方法:目视检查,查阅合格证、质量证明书,核对设计文件。

11.2.2 出入口监控摄像机性能应符合下列要求：

1 应固定焦距和方向。

2 不应有盲区。

3 通过显示屏应能清楚地显示出入人员面部特征、机动车牌号。

4 出入人员面部的有效画面宜不小于显示画面的 1/60。

检验数量：全数检查。

检验方法：目视检查。

11.2.3 重要部位、重要区域监控摄像机的图像尺寸应符合设计文件规定，满足监视画面的纵深、水平及区域监控要求。

检验数量：全数检查。

检验方法：目视检查。

11.2.4 摄像机安装高度：室内固定摄像机不低于 2.0m，室外固定摄像机不低于 2.5m，云台变焦摄像机安装高度不低于 3.5m。

检验数量：全数检查。

检验方法：目视检查，钢卷尺测量。

11.2.5 摄像机的环境照度应符合安防规范、标准的要求和设计文件规定，应根据摄像机点位的环境照度，配置辅助照明设备，以保证摄像机夜间视频的清晰度和有效性。

检验数量：全数检查。

检验方法：目视检查，仪器检查，查阅设计文件。

11.2.6 安装位置处于防雷保护区域外的室外摄像机，应配置防浪涌保护器，并按规范有效接地。防雷保护器应能有效保护系统的电源和网络信号不受雷击破坏。

检验数量：全数检查。

检验方法：目视检查，查阅施工质量记录。

11.2.7 智能安防人脸抓拍摄像机安装应符合下列要求：

1 摄像机安装指向与监控目标形成的垂直夹角不大于 20°，水平夹角不大于 30°，倾斜角不大于 45°。

2 摄像机安装高度宜在 2.2m～2.8m,监控目标宽度不宜大于 5.0m。

3 监控区域环境照度不应低于 200 lx,人脸抓拍区域照度不应低于 100 lx,人脸表面光线应均匀。

检验数量:全数检查。

检验方法:目视检查,查阅施工质量记录。

Ⅱ 一般项目

11.2.8 室外摄像机应配备全天候防护罩,防护等级不低于 IP65 等级,宜配置散热、加热除霜功能。

检验数量:抽查 30％且不少于 1 件。

检验方法:目视检查,查阅设备证明文件。

11.2.9 摄像机采用 AC24V 或者 DC12V 低压供电,如采用 POE 供电模式,供电线路不得超过 40m。

检验数量:抽查 30％且不少于 1 件。

检验方法:目视检查,钢卷尺测量。

11.2.10 摄像机安装应避免图像倾斜,支架连接应采用万向接头,以便于角度调整。

检验数量:抽查 30％且不少于 1 件。

检验方法:目视检查,手动检查。

11.3 周界报警前端安装

Ⅰ 主控项目

11.3.1 高压脉冲式电子围栏报警前端采用 6 线制,采用不低于 18# 合金丝导体,具有抗氧化、耐腐蚀,且具有良好的导电率,每 100m 电阻值不超过 2.5Ω,6 根合金导线中任意一根均带脉冲电压,单防区划分距离不大于 70m。合金导线之间的间距应符合规范要求:最下沿的合金导线距墙顶面不大于 120mm±10mm;电子围栏底部三根导线,两根之间的间距不大于 120mm±10mm;其余导线之间间距不大于 150mm±10mm。最上沿合金导线距墙顶面不低于 800mm。

检验数量:全数检查。

检验方法:目视检查,查阅合格证、质量证明书,钢卷尺测量。

11.3.2 张力式电子围栏报警前端采用 4 线制,采用的钢丝拉断力、张力模块的最大承受力不低于 1000N,单防区划分距离不大于 40m。张力钢丝的间距应符合规范要求:最低处钢丝距实体顶面 130mm～150mm,其余相邻两根间距为 200mm±10mm,围栏总高度不低于 750mm。

检验数量:全数检查。

检验方法:目视检查,查阅合格证、质量证明书,钢卷尺测量。

11.3.3 多光束主动红外对射探测器前端主要用于出入口周界防区,安装位置应做到防区交错重叠设置,避免盲区。探测器最低一道红外光束距实体顶面不大于 120mm±10mm。红外光束的实际照射距离应不大于额定照射距离的 80%。

检验数量:全数检查。

检验方法:目视检查,查阅合格证、质量证明书,核对设计文件。

11.3.4 周界报警前端设备应具有防拆报警功能,电子围栏前端还应具备防切断、防搭接旁路、防接地短路等报警功能。

检验数量:全数检查。

检验方法:目视检查。

11.3.5 电子围栏报警前端应设置单独接地系统,并配置防雷保护器,脉冲电子围栏的接地桩与其他系统的接地桩应保持不低于 10m 的安全距离,接地电阻不大于 10Ω。

检验数量:抽查 30% 且不少于 3 处。

检验方法:目视检查,查阅接地电阻测试记录。

11.3.6 高压脉冲电子围栏跨接处连接,必须使用高压绝缘线连接以免造成导电或短路等现象。连接线均必须使用额定耐压不低于 20kV 的耐高压绝缘导线。为避免电化学反应造成的腐蚀，耐高压绝缘线的内芯与电子围栏的材质必须是同种材质。

　　检验数量：全数检查。

　　检验方法：目视检查，查阅接线缆合格证明文件。

11.3.7　导线与导线之间、导线与金属导体之间的电气间隙必须有足够的空气间隙，应符合现行国家标准《安全防范报警设备　安全要求和试验方法》GB 16796 的规定。高压带电部分电气间隙应不小于 43mm，爬电距离不小于 50mm。

　　检验数量：全数检查。

　　检验方法：目视检查，钢卷尺测量。

Ⅱ　一般项目

11.3.8　电子围栏钢丝的张紧度应根据现场实际情况调整，不宜过紧或过松，拉线杆应安装整齐，立杆和紧固件应采用高强度耐腐蚀材质。

　　检验数量：抽查 30％且不少于 1 件。

　　检验方法：目视检查。

11.3.9　合金钢丝在终端受力柱之间不得搭接；如需搭接，应在终端受力柱节点处，并使用专用线－线连接器进行搭接。

　　检验数量：抽查 30％且不少于 1 件。

　　检验方法：目视检查。

11.3.10　电子围栏报警前端应设置带夜光警示标志，标志牌采用带夜光、耐腐蚀、难褪色的材质，并采用可靠的方式固定。

　　检验数量：全数检查。

　　检验方法：目视检查。

11.3.11　周界报警系统每个防区应设置声光报警器，控制主机也应具备报警后声光提示功能。

　　检验数量：全数检查。

　　检验方法：目视检查。

11.4 现场防护箱、控制箱安装

Ⅰ 主控项目

11.4.1 防爆设备必须有铭牌和防爆标志,并在铭牌上标明防爆合格证编号。

　　检验数量:全数检查。

　　检查方法:目视检查,查阅产品标志和合格证。

11.4.2 控制箱内的本质安全电路与并联电路或其他电路的接线端子之间的间距不应小于50mm,并采用蓝色标识;当间距不符合要求时,应采用高于端子的绝缘板隔离。

　　检验数量:全数检查。

　　检查方法:目视检查。

11.4.3 保护接地的安装和接地电阻值应符合设计文件规定。

　　检验数量:抽查30%且不少于3处。

　　检验方法:目视检查,查阅接地电阻测试记录。

11.4.4 周界报警前端主机防护箱应安装防拆报警开关,防拆报警系统接入周界报警系统管理主机。

　　检验数量:全数检查。

　　检查方法:目视检查,查阅产品证明文件。

Ⅱ 一般项目

11.4.5 仪表盘、柜、箱不应有变形和油漆损伤。

　　检验数量:全数检查。

　　检查方法:目视检查。

11.4.6 仪表盘、柜、操作台之间及其内部各设备构件之间的连接应牢固,安装用的紧固件应为防锈材料。安装固定不应采用焊接方式。

　　检验数量:全数检查。

　　检查方法:目视检查。

11.5 安防控制柜安装

Ⅰ 主控项目

11.5.1 安防控制柜内的设备接触应紧密可靠,动作应灵活,无锈蚀、损坏;固定和接线用的紧固件、接线端子应完好无损,且无污物和锈蚀。

检验数量:全数检查。

检验方法:目视检查。

11.5.2 盘柜内安装的电源设备及配电线路,强、弱电的端子应分开布置。

检验数量:全数检查。

检查方法:目视检查。

11.5.3 电源设备的带电部分与金属外壳之间的绝缘电阻,用500兆欧表测量时不应小于 $5M\Omega$。

检验数量:全数检查。

检验方法:目视检查,查阅测试记录。

11.5.4 电源设备工作接地、保护接地的方式和接地电阻值应符合设计文件规定。

检验数量:全数检查。

检查方法:目视检查,查阅接地电阻测试记录。

Ⅱ 一般项目

11.5.5 仪表盘、柜、操作台的型钢底座的制作尺寸,应与仪表盘、柜、操作台相符,底座安装时其水平度允许偏差为 1mm/m;当型钢底座长度大于 5m 时,全长允许偏差为 5mm。

检验数量:抽查 30% 且不少于 1 件。

检验方法:目视检查,拉线、钢直尺测量和水平仪测量。

11.5.6 单独的仪表盘、柜、操作台应固定牢固,垂直度允许偏差为 1.5mm/m,水平度允许偏差为 1mm/m。

检验数量:抽查 30%且不少于 1 件。

检验方法:目视检查,拉线、钢直尺和水平仪测量。

11.5.7 成排的仪表盘、柜、操作台安装质量应符合下列规定:

1 同一系列规格相邻两仪表盘、柜、操作台的顶部高度允许偏差为 2mm。

2 当同一系列规格仪表盘、柜、操作台间的连接处超过 2 处时,顶部高度允许偏差为 5mm。

3 相邻两仪表盘、柜、操作台接缝处正面的平面度偏差为 1mm。

4 当仪表盘、柜、操作台间的连接处超过 5 处时,正面的平面度偏差为 5mm。

5 相邻两仪表盘、柜、操作台间的接缝的间隙不大于 2mm。

检验数量:抽查 30%且不少于 1 件。

检验方法:目视检查,拉线、直尺和水平仪测量。

11.5.8 控制柜应固定牢固,成排安装时应整齐美观。垂直度允许偏差为 3mm;当箱的高度大于 1.2m 时,垂直度允许偏差为 4mm。水平度允许偏差为 3mm。

检验数量:抽查 30%且不少于 1 件。

检验方法:目视检查,拉线、直尺和水平仪测量。

11.5.9 就地接线箱的安装应密封并标明编号,箱内接线应标明线号。

检验数量:抽查 30%且不少于 1 件。

检验方法:目视检查。

11.5.10 仪表盘、柜、箱内各回路的各类接地,应分别由各自的接地支线引至接地汇流排或接地端子板,由接地汇流排或接地端子板引出接地干线,再与接地总干线和接地极相连,实测接地电阻值符合设计要求。各接地支线、汇流排或端子板之间在非连接处应彼此绝缘。

检验数量:抽查30%且不少于1件。

检验方法:目视检查,查阅接地电阻施工记录。

11.5.11 供电箱和箱体中心距操作地面的高度宜为1.2m～1.5m,成排安装时应排列整齐美观。

检验数量:抽查30%且不少于1件。

检验方法:目视检查。

11.5.12 电源设备的安装应牢固、整齐、美观,设备位号、端子号、用途标志、操作标志等应完整无缺。

检验数量:抽查30%且不少于1件。

检验方法:目视检查。

11.5.13 机柜内硬盘录像机、磁盘阵列、网络交换机、报警控制主机等设备应合理排布,并预留散热空间。

检验数量:抽查30%且不少于1件。

检验方法:目视检查。

11.6 电缆敷设

Ⅰ 主控项目

11.6.1 接线应正确、牢固,线端应有强度等级。

检验数量:全数检查。

检验方法:目视检查。

11.6.2 电缆不应有中间接头,无法避免时应在接线盒或拉线盒内进行,接线宜采用压接;当采用焊接时,应采用无腐蚀性的焊药。补偿导线应采用压接。在爆炸危险区域内有电缆接头时,接头应设在防爆接线箱内并应符合设计文件规定。接线必须牢固可靠,接触良好,并应加防松和防脱落装置。

检验数量:全数检查。

检验方法:目视检查。

11.6.3 光纤连接操作中应无损伤或折断光纤,在连接前和连接后均应对光纤进行测试。

检验数量：全数检查。

检验方法：目视检查，查阅施工测试记录。

11.6.4 同轴电缆和高频电缆的连接应采用专用接头。

检验数量：全数检查。

检验方法：目视检查。

Ⅱ 一般项目

11.6.5 仪表盘、柜、箱内的线路不应有接头，其绝缘保护层不应有损伤。

检验数量：抽查 30％且不少于 1 处。

检验方法：目视检查。

11.6.6 仪表盘、柜、箱内的线路宜敷设在汇线槽内；明敷时，线束扎带应使用绝缘材料。

检验数量：抽查 30％且不少于 1 处。

检验方法：目视检查。

11.6.7 线芯端头宜采用接线片压接。

检验数量：抽查 30％且不少于 1 处。

检验方法：目视检查。

11.6.8 备用芯线应该接在备用端子上，宜与接地线连接；无指定备用端子的备用线，应按本盘、柜、箱的最大长度预留，并应按照设计文件要求标注备用线号。

检验数量：抽查 30％且不少于 1 处。

检验方法：目视检查。

11.7 系统功能调试

Ⅰ 主控项目

11.7.1 系统供电电源调试应包括下列内容，其结果应符合设计文件规定或产品说明书的规定：

    1 测量和调整输出电压。

    2 电源整流和稳压性能试验。

    3 不间断电源应进行自动切换性能测试。

    检验数量：全数检查。

    检验方法：查阅调试记录。

11.7.2 综合安防系统的硬件测试应包括下列内容，其结果应符合设计文件的规定：

    1 数字视频摄像机的清晰度、实时帧率、网络延迟率等指标检测（第三方权威检测机构实施）。

    2 视频信息存储容量检测。

    3 电子围栏脉冲高压值检测。

    4 系统报警实时显示、布/撤防、旁路功能、报警延时检测。

    5 系统故障信息报警检测。

    6 信息日志存储、调出检测。

    7 系统联动功能检测。

    检验数量：全数检查。

    检验方法：查阅试验记录、检测报告。

11.7.3 综合安防系统的软件测试应包括下列内容，其结果应符合设计文件的规定：

    1 系统显示、处理、操作、控制、报警、诊断、通信、打印、拷贝等基本功能的检查试验。

    2 控制方案、控制和连锁程序的检查。

    检验数量：全数检查。

    检验方法：查阅试验记录。

Ⅱ   一般项目

11.7.4 视频监控系统测试应符合下列规定：

    1 图像记录同步、回放应清晰。

2 图像信号的技术指标应不低于 4 级的要求,回放图像质量不应低于 3 级的要求。

3 图像应能切换,并具有时间、日期的字符叠加、记录功能,与标准时间误差应在±30s 以内,字符叠加不应影响图像记录效果。

4 硬盘录像机进行 24h 图像记录,并实现设置和开启图像运动变化的声光提示。

5 图像记录保存时间应不少于 30d〔如为首站(门站)等重要区域或重点反恐场所,存储时间不少于 90d〕。图像记录帧速应不少于 25frame/s,图像回放水平清晰度应不小于 300TVL。

6 用户和权限管理测试,保证系统的安全性。

7 与周界报警系统视频监控系统联动测试,满足联动控制要求。

检验数量:全数检查。

检验方法:操作测试,目视检查。

11.7.5 周界报警系统测试应符合下列规定:

1 报警触发、信号传输、信号存储、报警输出等测试。

2 现场报警声压不小于 80dB,现场声光报警持续时间不小于 5min。

3 电缆传输报警信号时报警响应时间应不大于 2s。

4 系统布防、撤防、报警、故障等信息的存储应不少于 30d。

5 备用电源满足 8h 正常工作。

检验数量:全数检查。

检验方法:操作测试,目视检查。

11.8 车辆阻挡装置

Ⅰ 主控项目

11.8.1 车辆阻挡装置安装位置、抗冲击能力等应符合技防系统的相关规范、标准的要求及设计文件规定。装置应有清晰、永久的标志。通过标志应能反映制造厂名称或公司名称、产品牌号或型号、系列号码或批号、生产日期、电源额定值(即正常工作电压、电流和频率);产品的标志应反映产品规格(含抗撞等级)、产品升起高度、直径、壁厚、使用材质等参数。

检验数量:全数检查。

检验方法:目视检查,查阅合格证、质量证明书,核对设计文件。

11.8.2 车辆阻挡装置选型应符合设计文件规定,主要指标符合下列规定:

1 立柱式装置按抗撞击能力等级由低到高分为两级:A 级为单个升降立柱抗冲击能力应≥15 000J;B 级为单个升降立柱抗冲击能力应≥60 000J。

2 立柱式装置中单根升降立柱工作高度应≥600mm。

3 A 级立柱式装置的单个升降立柱升降时间应≤4s;B 级立柱式装置的单个升降立柱升降应时间应≤6s。

4 装置下降后,立柱的承载能力应≥20t。

5 立柱间距≤0.8m。

6 立柱式装置中 A 级装置单根升降立柱外径应≥210mm,柱体钢管壁厚应≥6mm;B 级装置单根升降立柱外径应≥270mm,柱体钢管壁厚应≥10mm。

检验数量:全数检查。

检验方法:目视检查。

11.8.3 车辆阻挡装置应能电动操作和遥控操作,在电动操作故障时应能手动应急操作,并支持接入其他安防系统的信号实现系统联动。

检验数量:全数检查。
检验方法:操作检查。

II 一般项目

11.8.4 车辆阻挡装置机壳外形尺寸应符合产品要求。非金属外壳表面应无裂纹、褪色及永久性污渍,亦无明显变形和划痕;金属外壳表面采用涂覆工艺的,应不能露出底层金属,并无起泡、腐蚀、划痕、涂层脱落和沙孔等。

　　检验数量:全数检查。

　　检验方法:目视检查。

11.8.5 车辆阻挡装置的线控(遥控)电动操作系统应操作灵便。装置的运行平稳,无明显卡阻、窜动、摇晃。

　　检验数量:全数检查。

　　检验方法:操作检查。

11.8.6 车辆阻挡装置安装环境要求:环境温度 $-10℃\sim+55℃$、相对湿度 90% 条件下应能正常使用。立柱式装置驱动部分防护的等级应为 IP67。

　　检验数量:全数检查。

　　检验方法:目视检查。

11.8.7 车辆阻挡装置下降后,应不影响车辆和人员的通行。

　　检验数量:全数检查。

　　检验方法:目视检查。

11.8.8 车辆阻挡装置上升、下降运行过程中应能根据需要进行停止运行、继续运行或逆向运行的操作。

　　检验数量:全数检查。

　　检验方法:操作检查。

11.8.9 立柱应具备反光警示条。装置在上升、下降运行过程中及处于立柱升起状态时,宜具有闪烁发光信号提示功能,在距离装置不小于 10m 处,应能够被过往车辆的驾驶员明显识别。

　　检验数量:全数检查。

　　检验方法:目视检查。

11.9 安防验收

11.9.1 委托有相应资质的单位对安防系统进行系统竣工验收，并出具的竣工验收合格书作为系统竣工验收的依据。

检验数量:全数检查。

检验方法:查阅竣工验收结论书。

附录 A 施工现场质量管理检查记录

A.0.1 施工现场质量管理检查记录应由施工单位按表 A.0.1 填写,总监理工程师(或建设单位项目负责人)进行检查,并做出检查结论。

表 A.0.1 施工现场质量管理检查记录

工程名称			施工许可证编号	
建设单位			项目负责人	
设计单位			项目负责人	
监理单位			总监理工程师	
施工单位		项目经理	项目技术负责人	
序号	检查项目		检查内容	
1	现场质量管理制度			
2	质量责任制			
3	主要专业工种操作、上岗证书			
4	分包单位资质及分包管理制度			
5	施工图审查情况			
6	地质勘察资料			
7	施工组织设计、施工方案及审批			
8	施工技术标准			
9	工程质量检验制度			
10	工程试验检测管理制度			
11	现场材料、设备存放与管理			
检查结论: 施工单位项目经理: 　　　　　　　年　月　日			检查结论: 总监理工程师: 　　　　　　　年　月　日	

附录 B 城镇天然气站内工程分部、分项工程划分

B.0.1 城镇天然气站内工程分部(子分部)及分项工程按表 B.0.1
划分。

表 B.0.1 城镇天然气站内工程分部(子分部)及分项工程划分表

分部工程	子分部	分项工程
储罐工程	钢筋混凝土结构外罐	钢筋
		混凝土
		预应力
	钢内罐制作安装	钢结构件预制及安装
		钢内罐与热角保护板预制及安装
		钢内罐制作与安装
		罐内附件安装
	储罐附属钢结构	钢结构制作(焊接)
		高强度螺栓连接
		防腐、防火涂料施工
	设备及管道安装工程	罐内泵安装
		罐顶悬臂吊安装
		管道及阀门安装
		泄放装置
	火炬系统	塔架制作及拼装、塔架安装、梯子及栏杆安装、管道、点火系统、控制系统等安装
	保冷层	罐底、热角保护区、内罐外壁、吊顶、罐内管道等保冷安装
	储罐压力试验	水压试验、储罐沉降监测
	储罐干燥与置换	储罐吹扫、干燥系统、检测含氧量

分部工程	子分部	分项工程
设备工程	门站、调压站的场站主体工艺设备安装	预处理装置、汇管、过滤器、调压撬（调压器）、加压装置、计量撬（流量计）、加臭装置、清管器发送和接收装置、加热炉、排污罐、分析设备
	液化、压缩天然气设备安装	气化器、液化天然气泵、BOG 压缩机、卸料臂装卸装置、罐顶起重机
工艺管道工程	工艺管道安装	管道焊接、管道支撑件等
	阀门安装	阀门的检验与安装
	焊接检验	焊缝外观及无损探伤
	管道系统压力试验及吹扫	强度及严密性试验，吃扫、干燥
	绝缘防腐及保温	外防腐层、补伤、补口、保温层
	静电接地	静电接地安装及测试
电气工程	变配电设备及线路	配电柜（屏、台、盘、箱）安装、电缆支架、桥架、线槽及电缆导管、接地装置
	用电设备及线路	控制柜（屏、台、盘、箱）安装、电缆支架、桥架、线槽及电缆导管、接地装置
	电缆敷设	电缆埋设、电缆接线、防爆接线、电缆敷设标志
自动化仪表工程	取源部件安装	温度、压力、流量、物位的取源设备的安装
	控制设备	现场控制柜、中央控制设备
	电缆敷设	电缆埋设、电缆接线、防爆接线、电缆敷设标志
	系统调试	单机调试及系统功能调试

分部工程	子分部	分项工程
消防工程	消防水系统（喷淋水系统、水幕系统及消防炮系统）	消防泵、消防管网、消火栓及消防控制
	干粉灭火系统	干粉的储存、输送及调试
	火灾报警系统	火灾探头、报警、布线及控制
	气体灭火系	灭火剂储存安装、管道系统、控制系统
	泡沫灭火系统	泡沫液储罐的安装、泡沫比例混合器的安装与调试、消防水系统连接、控制系统
	可燃气体报警系统	设备安装、电缆敷设、系统调试
安防工程	视频监控系统	监视设备、智能识别设备、辅助支架、防雷接地、控制设备
	周界报警系统	电子围栏、张力围栏、红外对射、控制设备
	车辆阻挡装置	防撞柱、控制设备
	电缆敷设	电缆埋设、电缆接线、防爆接线、电缆敷设标志
	系统调试	系统功能调试

附录 C 检验批质量验收记录

C.0.1　检验批的质量验收记录由项目专业质量负责人填写，专业监理工程师（或建设单位项目相关负责人）组织项目质量（专业技术）负责人进行验收，并按表 C.0.1 记录。

表 C.0.1　＿＿＿＿＿＿＿＿＿＿检验批质量验收记录

单位（子单位）工程名称				
分部（子分部）工程名称		检验批验收部位		
施工单位		项目经理		
分包单位		项目负责人		
分项工程技术要求：				

质量验收规范的规定		施工单位检查评定记录	监理（建设）单位验收记录
主控项目	1		
	2		
	3		
	4		
一般项目	1		
	2		
	3		
	4		

施工单位	检查评定结果： 项目质量（专业技术）负责人：　　　　　　年　　月　　日
监理（建设）单位	验收结论： 专业监理工程师：　　　　　　年　　月　　日

附录 D 分项工程质量验收记录

D.0.1 分项工程质量应由专业监理工程师（或建设单位项目相关负责人）组织项目质量（专业技术）负责人等进行验收，并按表 D.0.1 记录。

表 D.0.1 ＿＿＿＿＿＿＿分项工程质量验收记录

单位（子单位）工程名称				
分部（子分部）工程名称			检验批数	
施工单位			项目经理	
分包单位			项目负责人	
序号	检验批桩号、路段、部位	施工单位检查评定结果	监理（建设）单位验收结论	
1				
2				
3				
4				
5				
6				
7				
施工单位	检查评定结果： 项目质量（或专业技术）负责人： 　　年　月　日		监理（建设）单位	验收结论： 专业监理工程师： 　　年　　月　　日

附录 E 分部(子分部)工程质量验收记录

E.0.1 分部(子分部)工程质量应由总监理工程师(建设单位项目负责人)组织施工单位项目经理和有关勘察、设计单位项目负责人进行验收,并按表 E.0.1 记录。

表 E.0.1 _____分部(子分部)工程质量验收记录

单位(子单位)工程名称					分项工程个数	
施工单位			技术部门负责人		质量部门负责人	
分包单位			分包单位负责人		分包技术负责人	
		分项工程名称	检验批数	施工单位检查评定	监理(建设)单位验收意见	
分项工程	1					
	2					
	3					
	4					
	5					
	6					
	7					
1.质量控制资料						
2.安全和功能检验报告						
3.观感质量验收						
验收单位	施工单位			项目经理: 年 月 日		
	勘察单位			项目经理: 年 月 日		
	设计单位			项目负责人: 年 月 日		
	监理(建设)单位			总监理工程师: 年 月 日		

附录 F　单位(子单位)工程质量竣工验收记录

F.0.1　单位(子单位)工程质量按单位(子单位)工程质量验收记录表 F.0.1 做好记录。其中,概况及施工单位检查评定由施工单位填写,验收结论栏由监理(或建设)单位填写。综合验收结论由参加验收方共同商定,结论应对工程质量是否符合设计和规范要求及总体质量等级水平做出评价,并由监理(或建设)单位填写。

F.0.2　单位(子单位)工程质量保证资料核查表(表 F.0.2-1)、单位(子单位)工程观感质量核查表(表 F.0.2-2)、单位(子单位)工程安全及主要功能抽查记录表(表 F.0.2-3),应与表 F.0.1 配套使用。

表 F.0.1 单位(子单位)工程质量验收记录表

工程名称					
施工单位				开工、竣工日期	
技术负责人			项目经理	项目技术负责人	

		分部工程名称	分项工程数量	施工单位检查记录	监理(建设)单位验收结论
分部工程	1			共___个分部工程,经查符合标准及设计要求共___个分部工程,不符合标准及设计要求共_____个分部工程	
	2				
	3				
	4				
	5				
	6				
质量保证资料核查				共_____项,经核查符合要求_____项;经技术核定符合规定要求_____项	
安全和主要使用功能核查及抽查结果				核查_____项,符合要求_____项;抽查_____项,符合要求_____项;经返工处理符合要求_____项	
观感质量验收				抽查_____项,符合要求_____项,不符合要求_____项,得分率_____%	

综合验收结论				
参加验收单位	建设单位	监理单位	设计、勘察单位	施工单位
	(公章) 项目负责人: 年 月 日	(公章) 总监理工程师: 年 月 日	(公章) 项目负责人: 年 月 日	(公章) 项目经理: 年 月 日

表 F.0.2-1 单位(子单位)工程质量保证资料核查表

工程名称			施工单位		
序号		资料名称		份数	核查意见
1	质量管理资料综合类	图纸会审、设计交底会议纪要			
		工程变更(技术核定单、设计变更通知单、工程洽商会议纪要、联系单)			
		施工组织设计、施工方案、技术交底记录			
		焊接工艺评定及作业指导书、焊工资格名册			
		施工现场质量管理检查记录			
		工程开、竣工报告			
		工程质量事故处理记录			
		工程质量保修书			
2	设备、材料	设备进场验收记录、设备质量证明书			
		材料(包括成品、半成品、原材料)进场验收记录、材料复检报告、材料合格证明文件			
3	施工记录	施工测量:包括基准线、水准点测量复核记录,工程放样(复核)记录、沉降观测、竣工测量			
		基础检查交接记录			
		混凝土强度、混凝土抗渗、水泥砂浆强度			
		设备安装记录			
		储罐焊接记录			
		管道焊接记录			
		管道补偿装置设置及安装记录			
		管道支座安装记录			
		管道吹扫,压力试验记录,真空试验记录			
		钢结构安装记录			
		隐蔽工程验收记录			
3	分项、分部工程验收	检验批质量验收记录			
		分项工程质量验收记录			
		分部(子分部)工程质量验收记录			
4	竣工图				
结论: 施工单位项目经理: 年 月 日			结论: 总监理工程师: 年 月 日		

表 F.0.2-2 单位(子单位)工程观感质量核查表

工程名称				施工单位		
序号		检查项目	应得分	抽查质量情况		实得分
1	储罐	储罐安装	10			
2	设备	主体设备安装	7			
		外防腐及保温	3			
3	管道	管道、管道支架及管道附件安装	5			
		管道焊接	5			
		管道压力试验	5			
		各类阀门安装	5			
4	电气	配电柜、箱、盘	5			
		桥架、电缆沟、穿线	5			
		电缆连接、敷设	5			
5	自控仪表	取源部件安装	5			
		仪表柜、仪表盘	5			
		仪表附件安装	5			
		电缆连接、敷设	5			
6	接地装置		5			
7	消防设备安装		5			
8	安防设备安装		5			
9	钢结构管廊及平台		5			
10	标识、标志		5			
合计	应得分：		实得分：		得分率：	％
观感质量综合评价		□ 好：≥85％ □ 一般：<85％、≥70％ □ 差：<70％				

结论：

施工单位项目经理：

年 月 日

结论：

总监理工程师：

年 月 日

表 F.0.2-3 单位(子单位)工程安全及主要功能抽查记录表

工程名称				施工单位		
序号		安全及功能检查项目			核查意见	抽查结果
1	储罐	储罐充水试验、气压试验、真空试验、沉降观察				
		钢内罐焊缝无损检测				
		储罐安全附件校验				
2	设备	泵、压缩机及其他设备单机运转性能考核				
		压缩机安全连锁系统调试				
		安全切断系统测试				
3	管道	低温管道及组成件材质复验(表面无损检测、光谱分析)				
		低温管线滑动支架(支吊架)冷态运行位置测定				
		阀门强度及密封试验,安全阀校验				
		焊缝无损检测				
		管道强度试验、严密性及气密性试验				
		吹扫、清通				
		天然气管线静电接地电阻测试				
4	电气	配电柜、箱、盘间二次回路耐压试验				
		电缆绝缘检测				
		接地装置接地电阻测试				
		电气系统调试				
5	自控	取源部件管路系统压力试验				
		仪表电源及线缆绝缘电阻测试				
		自控回路及自控系统功能调试				
6	消防	消防水系统调试				
		干粉灭火系统调试				
		消防控制系统调试				
		可燃气体报警系统功能测试				
7	安防	安防系统报警测试				
		控制系统调试				
8	材料	混凝土试块抗压强度试验、抗渗试验、抗冷试验				

结论: 施工单位项目经理: 年　月　日	结论: 总监理工程师: 年　月　日

本标准用词说明

1 执行本标准条文时,对要求严格程度不同的用词说明如下:

    1)表示很严格,非这样做不可的用词:

        正面用词采用"必须";

        反面用词采用"严禁"。

    2)表示严格,在正常情况下均应这样做的用词:

        正面用词采用"应";

        反面用词采用"不应"或者"不得"。

    3)表示允许稍有选择,在条件许可时首先应这样做的用词:

        正面用词采用"宜";

        反面用词采用"不宜"。

    4)表示有选择,在一定条件下可以这样做的用词,采用"可"。

2 条文中指明应按其他有关标准、规范和其他规定执行的写法为:"应按……执行"或者"应符合……的要求(或规定)"。

引用标准名录

1 《建筑工程施工质量验收统一标准》GB 50300

2 《建筑地基基础工程施工质量验收规范》GB 50202

3 《工业安装工程施工质量验收统一标准》GB 50252

4 《压力管道规范》GB/T 20801

5 《工业金属管道工程施工规范》GB 50235

6 《工业金属管道工程施工质量验收规范》GB 50184

7 《机械设备安装工程施工及验收通用规范》GB 50231

8 《风机、压缩机、泵安装工程施工及验收规范》GB 50275

9 《石油化工钢制低温储罐技术规范》GB/T 50938

10 《立式圆筒形钢制焊接储罐施工规范》GB 50128

11 《固定式真空绝热深冷压力容器》GB/T 18442

12 《石油化工离心式压缩机组施工及验收规范》SHT 3539

13 《石油化工设备安装工程及验收通用规则》SHT 3538

14 《石油化工静设备安装工程施工技术规程》SHT 3542

15 《立式圆筒形低温储罐施工技术规程》SH/T 3537

16 《石油化工设备安装规程质量检验评定标准》SH 3514

17 《混凝土结构工程施工质量验收规范》GB 50204

18 《低温环境混凝土应用技术规范》GB 51081

19 《钢结构工程施工质量验收规范》GB 50205

20 《石油化工钢结构工程施工质量验收规范》SH/T 3507

21 《石油化工绝热工程施工质量验收规范》GB 50645

22 《埋地钢质管道聚乙烯防腐层》GB/T 23257

23 《天然气管道运行规范》SY/T 5922

24 《火灾自动报警系统施工及验收规范》GB 50166

25　《气体灭火系统施工及验收规范》GB 50263

26　《固定消防炮灭火系统施工与验收规程》GB 50498

27　《泡沫灭火系统施工及验收规范》GB 50281

28　《自动喷水灭火系统施工及验收规范》GB 50261

29　《消防给水及消火栓系统技术规范》GB 50974

30　《民用闭路监视电视系统技术规范》GB 50198

31　《脉冲电子围栏及其安装和安全运行》GB/T 7946

32　《安全防范工程技术标准》GB 50348

33　《安全防范系统供电技术要求》GB/T 15408

34　《视频安防监控系统技术要求》GA/T 367

上海市工程建设规范

城镇天然气站内工程施工质量验收标准

DG/TJ 08－2103－2019
J 12084－2019

条 文 说 明

2020　上海

目　次

Contents

1 总　则

1.0.2　上海天然气场站主要为门站、调压(计量)站、清管站,及
LNG 接收站、气化站等,分输站仅在西气东输一期时向 A30 主干
网南北分输时设立的,实际上为清管站。应急储备及调峰站也可
归于 LNG 接收和气化站类。为操作方便,按照国家及行业标准,
依据上海市场站类型,制定本验收标准。

1.0.3　本标准中的分项(检验批)验收的主控项目和一般项目是
根据国家和行业工程质量验收标准中质量控制基本要求并结合
上海市天然气场站工程的特点所设置的,在工程施工质量验收时
还应符合设计文件规定和国家现行的相关专业施工质量验收
规范。

3 基本规定

3.1 基本要求

3.1.1 对于站内工程参建单位和从业人员,应进行资质约束和职业许可,避免无证施工。进场人员必须进行安全培训,严禁无证上岗。

3.1.2 施工现场质量管理体系是施工单位质量管理体系的组成部分,由总包单位项目经理部负责建立并统一协调管理。本标准附录 A 中所列的检查项目包含了现场质量管理体系的部分要素。条文中"应具有"强调现场管理是企业管理的延伸和组成部分。

3.1.3 本条规定了设备、材料进场验收,各工序交接及隐蔽工程的质量验收规定。

  1 工程采用的设备、装置、成品、半成品、原材料等产品的进场检验和重要材料、产品的复验,是整个工程质量控制的重要环节之一。确保天然气场站内生产装置能长期、稳定、可靠地运行,与关键设备的制造质量密不可分。

  天然气场站工程是重要的公用事业建设项目,它涉及国计民生,因此在设备制造过程中引入第三方监管对保证装置的稳定运行有着重要的意义。设备工程监理是服务类行业,而且设备制造质量与工厂的制造能力、技术水平和工艺成熟程度等多因素相关,建设单位根据需要可委托制造监理。出厂前验收是常规的验收程序,它不能替代产品进场后的开箱检验和品质检验。

  引用国家标准《建筑工程施工质量验收统一标准》GB 50300—2013 中第 3.0.3 条第 1 款内容,增加了对重要材料的复检要求。"相关规定"是指国家现行相关标准和设计文件要求。"复检"是指对相关材料进行现场抽样复验或见证取样送第三方检测。包括 9Ni(9%Ni)钢板的剩磁量、尺寸检查,钢板的合金成分检测、高强螺栓的第三方检测等。

第三方的认证主要是指社会监理单位。

2 为保障工程整体质量,应控制每道工序的质量。施工单位完成每道工序后,除了自检、专检外,还应进行工序交接检查,上道工序应满足下道工序的施工条件和要求。同样,相关专业工序之间也应进行交接检验,使各工序之间和各相关专业工程之间形成有机的整体。

3 严格意义上来说,隐蔽工程涉及的不仅仅是一个工序,有可能是几个工序组合而成,故增加本条。隐蔽工程应由施工单位通知监理单位验收。

4 由于专业不同,可能分属不同施工单位,如果没有交接验收,其质量较难控制。

6 根据《计量器具检定周期确定原则和方法》JJF 1139 的术语定义,规定检验、检测仪器应在检定周期内。

3.2 质量验收项目划分

3.2.1 为了方便站内工程的单位(子单位)工程、分部(子分部)工程、分项工程的划分,本标准特制定了附录 B,施工单位可根据工程的具体情况,结合附录 B 要求,在施工前进行划分。

3.2.2 为了便于施工技术资料的收集整理和工程验收,宜以具有独立的施工条件和能形成独立的使用功能为优先条件进行单位工程的划分,如液化天然气储罐,在施工前可由建设、监理、施工单位商议确定。

3.2.3 分部工程是单位工程的组成部分,一个单位工程往往由多个分部工程组成。

3.2.5 检验批可事先商定好施工段或样本数量或特殊施工方

法,如管线长度、设备台数、套管内穿管等,但最终应以实际验收的样本数量为准。

3.3 质量验收合格规定

3.3.2~3.3.5 "检验批"质量合格条件:①主控项目的质量经抽样检验合格;②一般项目的质量经抽样检验基本合格;③主要工程材料进场验收合格,设备与装置相关检测、试验检验合格;④具有完整的施工操作依据、质量检查记录。

"分项工程"验收是在"检验批"验收结果的基础上进行,一般情况下由多个相关的"检验批"汇集构成一个分项工程,这些"检验批"的检查项目内容和性质均相同。

"分部工程"验收是在其所含的各"分项工程"验收结构的基本上进行,由于各"分项工程"的检查项目和性质各不相同,因此,"分部工程"的合格条件除了各"分项工程"的资料必须完整和正确、各"分项工程"检查项目合格以外,还应对该"分部工程"进行观感质量评价,以及对涉及结构安全和使用功能的"分部工程"进行施工检测和验收。

"单位工程"的合格条件共有五个方面,尤其对于涉及安全和主要功能的部分应全面检查,施工记录及资料完整。

3.4 质量验收程序和组织

3.4.2 本条规定了分部工程验收参加的人员,对于重要基础的划分,由监理单位会同设计单位、施工单位提出。

3.4.3 工程预验收由总监理工程师组织,各专业工程师参加,施工单位由项目经理、项目技术负责人等参加,设计和勘察项目负责人参加,业主项目负责人参加。其方法、程序、要求等均应与工程竣工验收相同。对存在的质量问题,应定责任人、定整改人、定整改措施、定整改时间。整改完成经确认后,施工单位提交完整的竣工报告,申请竣工验收。

3.4.4 根据《房屋建筑和市政基础设施工程竣工验收规定》(建质〔2013〕171 号)中第四条规定:"工程竣工验收工作,由建设单位负责组织实施。"监理组织工程质量预验收。

建设单位组织竣工验收前还应具备以下条件:

(1)完成设计和合同约定的各项内容,建设单位、施工单位共同出具完工证明文件。

(2)有勘察、设计、施工、监理单位分别签署的质量合格证明文件及工程质量监理评估报告。

(3)有完整的技术档案和施工资料以及工程质量检测和功能性试验资料。

(4)建设单位已按合同约定支付工程款。

(5)施工单位签署的工程质量保修书。

(6)建设主管部门及工程质量监督机构责令整改的问题全部整改完毕。

(7)法律法规规定的其他条件。

4 天然气门站、调压站主体工艺装置安装工程

4.1 一般规定

4.1.2 本条规定了设备安装前具备的条件和开箱检查的要求。

1 设备基础应质量验收合格后,方可进行设备及附件的安装。由于土建质量验收在现行国家标准《混凝土结构工程施工质量验收规范》GB 50204、《建筑地基基础工程施工质量验收规范》GB 50202 规范中已比较全面,本标准不再罗列。

2 设备开箱检验是质量保障的第一道关口,开箱检查的重点是外观及型号和设备单元强度及严密性试验合格文件,并对来货数量进行登记,检查的依据是对照设计文件。由于天然气为洁净介质,删除了原标准中有关清洗检查项。

4.1.7 天然气工艺区属于防爆区域,按规定所有设备外壳必须接地,接地电阻不大于 1Ω。所有的设备应与就近接地网连接。相关规范主要为《电气装置安装工程 接地装置及施工及验收规范》GB 50169-2016 及《防雷与接地》15D500~505。

4.1.8 天然气设备出厂前已完成强度试验和严密性试验,并出具试验合格证明文件,可不参与天然气管道安装后的吹扫清洗与系统强度试验。但考虑到和系统管道连接后系统的严密性,故需要参与整个系统的气密性试验,以保证整个装置的不泄漏。

4.1.9 压力容器为特种设备,安装前应对照设计文件,检查压力容器的规格和特性参数、铭牌;投运前还需检查测试报告,应在有效期内。

4.2 预处理器

Ⅰ 主控项目

4.2.1 预处理器属压力容器,按现行特种设备安全技术规范《固定式压力容器安全技术监察规程》TSG 21 的规定,制造厂商应向用户提供产品合格证、质量证明书及产品铭牌拓印件、竣工图样及压力容器产品质量监督检验证书,还应提供使用说明书。

4.2.3 安全仪表的校验应由具有法定校验资质的单位进行,并出具核校验标定报告。安全阀校验的开启压力、全开压力、回座压力应符合设计文件的规定。

4.2.4 预处理装置一般为立式安装,高度较高,应对照设备基础图,重点检查螺栓的材质、直径、长度、数量等。

Ⅱ 一般项目

4.2.5 为便于运输,预处理设备与框架以及框架上的部件通常分装运到安装现场进行组装,安装中应检查其完整性、牢固性与安全性。

4.2.6 本条针对地脚螺栓预留孔内进行混凝土二次灌浆提出了质量要求。二次灌浆应在设备最终找准找平且经隐蔽工程检查合格后进行。

4.2.11 预处理器为立式静止设备,本条中安装的重点是设备垂直度的要求。表 4.2.11 列出的数据若与产品出厂的技术文件不符时,应按技术文件规定执行。

4.3 汇 管

Ⅰ 主控项目

4.3.1 汇管为压力元器件,按照压力容器监制,根据现行特种设备安全技术规范《固定式压力容器安全技术监察规程》TSG 21 的规定,制造厂商应向用户提供产品合格证、质量证明书及产品铭牌拓印件、竣工图样及压力容器产品质量监督检验证书,必要时还应提供使用说明书。

Ⅱ 一般项目

4.3.6 表 4.3.6 列出的数据若与产品出厂的技术文件不符时,应按制造厂技术文件规定执行。

4.4 过滤器

Ⅰ 主控项目

4.4.1 过滤器筒体按照压力容器监制,根据现行特种设备安全技术规范《固定式压力容器安全技术监察规程》TSG 21 的规定,制造厂商应向用户提供产品合格证、质量证明书及产品铭牌拓印件、竣工图样及压力容器产品质量监督检验证书,还应提供使用说明书。

Ⅱ 一般项目

4.4.7 过滤器有两种形式,立式过滤器与卧式过滤器。其地脚螺栓的安装应分别符合立式容器与卧式容器对地脚螺栓的安装要求。

4.4.10 过滤器的安装允许偏差应根据立式与卧式分别检查。

立式过滤器安装质量控制的重点为设备的垂直度,卧式过滤器安装质量控制的重点为设备的水平度。表 4.4.10 列出的数据若与产品出厂的技术文件不符时,应按技术文件规定执行。

4.5 调压和计量装置

Ⅰ 主控项目

4.5.1 调压器和流量计经常同时存在,对于大型场站,调压、计量在现场安装;对于小型场站,一般均成撬供应。安装要求和质量检查项目基本相同。调压器和涡轮流量计均严格要求有方向性,应重点检查。

4.5.5 成套的调压撬或计量撬出厂时应提供完整的质量保证资料,其中配套的压力容器还应有完整的压力容器质量保证资料。除此之外,还有外购件的质量保证资料,撬内连接管道的材质资料、撬内管道焊接的焊缝无损探伤资料,整体撬耐压试验与严密性试验资料以及整体撬的自控系统的调试记录等资料。对于撬体管道的外涂层,应色泽均匀、颜色一致,无损伤。

4.5.9 当成撬设备长度较长,不便吊装与运输时,一般分成几块吊运至安装现场再组装。为保证安装质量,应控制几块撬间的坐标轴线、标高与水平度的一致性,其误差应控制在自由公差范围内。撬块间的管道连接密封也是控制要点,且必须在现场重做整撬的严密性试验。计量撬中,当流量计具有方向性如涡轮流量计时,试验时气体的气流方向应与涡轮流量计的箭头方向一致。

4.5.10 按照现行国家标准《自动化仪表工程施工及质量验收规范》GB 50093 的要求,计量器具在安装前进行一次调试,安装后进行回路调试,最后进行系统调试,以确保仪表的安装质量。

4.6　加压装置(离心压缩机组)

Ⅰ　主控项目

4.6.1　加压装置是天然气门站工艺设备中重要的转动设备,目前在上海地区一般采用的加压方式是电机驱动的离心压缩机组。供应厂商应提供完整的质量保证资料,包括质量证明书、出厂合格证、重要部件质量检验证书、转子动平衡及叶轮超速试验记录、平面布置图、总装配图、易损件图、安装使用说明书及机器试运转记录等技术资料,其中配套的压力容器应提供全套质量保证资料。

4.6.2　加压装置主体为转动设备,是天然气门站加压系统能否正常运行的关键设备,安装质量非常重要,国内遵循的安装规范主要有现行行业标准《石油化工离心式压缩机组施工及验收规范》SH/T 3539。

4.6.4　加压站压缩机一般规模较大,离心压缩机基础的荷重较大,在安装过程中或生产运行中有可能产生均匀或不均匀沉降,在机组精找正及配管完成甚至在运行中一旦产生较大的基础沉降,与机组连接的管道对机身产生附加外力,从而使联轴器对中产生偏离,危害极大。解决的方法有:①在机器安装前对基础使用配重块预压,同时进行沉降观测,当沉降值趋于稳定后再进行安装;②将机组吊入靠自重预压,此时可粗找正,同时进行沉降观测,当沉降值趋于稳定再进行精找正,然后二次灌浆和配管。沉降观测点及数值观测应符合设计要求。

4.6.8　加压装置的主机、配套机器的试运行必须经有关部门审查批准,其试运行程序也比较严格,以检验工程安装质量和工艺装置运转性能。试运行通常包括:空载试验、负荷试验、联动负荷试验和生产负荷试验四个阶段。在机组试运行中,介质不同会引起工艺参数的很大变化。一般来讲,空载、负荷和联动负荷试验介质为空气或氮气,主要考核机组的工作性能,如轴承温度、轴振动等机械性能及供油、冷却、电气、自控等系统的工作状况。生产负荷试验在空载、负荷及联动负荷试验一切正常的情况下,使用生产介质进行试运转,主要考核机组的工艺性能,如气体进出口压力、进出口温度、流量、轴功率、机组效率等工艺参数,以验证满足工艺设计要求的程度。

Ⅱ 一般项目

4.6.12 本条主要是提出对配套设备与附件的安装要求。其中,要求气路管道与机壳不能强行连接,连接时宜用千分表监控联轴器的移动,连接后应复测机组的安装水平和主要间隙。

4.6.15 表 4.6.15 所列的加压装置的压缩主机基座安装尺寸允许偏差,若不符合加压装置安装使用说明书的要求时,应按设备技术文件执行。

4.6.16 表 4.6.16 所列的驱动电机与压缩主机间的滑动轴承径向间隙,若不符合加压装置安装使用说明书的要求,应按设备技术文件执行。

4.7 加臭装置

Ⅰ 主控项目

4.7.5 加臭装置的调试应与天然气系统调试同时进行,设备供货商应到现场配合调试。但仪表控制系统应提前进行回路调试,以确保一次投用成功。

Ⅱ 一般项目

4.7.6 加臭装置到各工艺设备加臭点的布管连接应严格按设计文件进行。通常,加臭管道直径较小,装置到加臭点和工艺管道处,可采用架空和埋地敷设。当管道铺设在地面或埋地时,应进行保护,如采用槽钢、套管等进行保护。

4.7.11 表4.7.11所列加臭装置的安装尺寸允许偏差若与设备安装使用说明书的要求不符时,应按设备技术文件执行。

4.8 清管器发送装置与清管器接收装置

Ⅰ 主控项目

4.8.1 清管发送装置和接收装置及快开盲板按照压力容器监制。根据现行特种设备安全技术规范《固定式压力容器安全技术监察规程》TSG 21 的规定,制造厂商应向用户提供产品合格证、质量证明书及产品铭牌拓印件、竣工图样及压力容器产品质量监督检验证书。供货商还应提供使用说明书。

Ⅱ 一般项目

4.8.5 清管发送和接收的排污坑严格按设计图样施工,特别是排污坑的平盖上应有小孔以便连通大气。同时,排污坑应考虑积水排出措施。

4.8.7 清管器发送装置与清管器接收装置的长径比值较大,易出现轴向的热胀冷缩,从而引发基座与筒体间的附加应力。长度与直径比值较大的卧式容器的基座,一般分固定侧与滑动侧,滑动侧的基座安装要保证在冷热状态下设备轴向的自由伸缩量。

4.8.10 表4.8.10 所列出的清管器发送装置与清管器接收装置的安装尺寸允许偏差若与设备安装使用说明书的要求不相符时,应按设备技术文件执行。

4.9 加热炉

Ⅰ 主控项目

4.9.5 加热炉的烟囱高度较高,应对照设备基础图,重点检查螺栓的材质、直径、长度、数量等。

4.9.13　加热炉烟囱高度较高,重点检查垂直度。表 4.9.13 所列出的加热炉及烟囱的安装尺寸允许偏差,若与设备安装使用说明书的要求不相符时,应按设备技术文件执行。

4.10　排污罐

Ⅰ　主控项目

4.10.1　排污罐罐体按照压力容器监制,根据现行特种设备安全技术规范《固定式压力容器安全技术监察规程》TSG 21 的规定,制造厂商应向用户提供产品合格证、质量证明书及产品铭牌拓印件、竣工图样及压力容器产品质量监督检验证书,并应提供使用说明书。

Ⅱ　一般项目

4.10.5　排污罐顶部连接的放散总管中间有一个高处操作阀门,正常情况下处于常开状态,操作的梯子可以现场固定,也可以采用临时可移动梯子,但均需固定牢固。

4.10.10　排污罐的安装允许偏差一般按照卧式设备进行要求。卧式设备安装质量控制的重点为设备的水平度。表 4.10.10 列出的数据若与产品出厂的技术文件不符时,应按产品技术文件执行。

4.11　分析设备

Ⅰ　主控项目

4.11.2　分析设备对环境条件要求较高,在设备安装场所,通常设置空调进行温度和湿度的调节。

4.11.3 分析设备样气的品质、有效期直接影响分析结果,故应重点检查铭牌上的信息,检查载气的有效期,不合格产品严禁使用。

Ⅱ 一般项目

4.11.13 表 4.11.13 所列出的分析设备的安装尺寸允许偏差,若与设备安装使用说明书的要求不相符时,应按设备技术文件执行。

5 液化天然气储罐工程

5.1 一般规定

5.1.3 本钢结构为外罐及外罐与内罐连接的钢结构件。

5.3 钢结构件预制安装

II 一般项目

5.3.20 外罐内壁衬板所需的预埋件安装固定质量应保证外罐内壁衬板的安装质量。外罐内壁衬板安装在预埋件上,这是施工难点之一,并且需要达到很高的质量要求,其预埋件埋设是关键,要求施工单位制定专项方案,确保预埋件安装质量达到较高的要求。

5.4 9%Ni 钢内罐与热角保护板预制

I 主控项目

5.4.1 LNG 内罐材料要求在−163℃的深冷温度下具有良好的低温韧性,防止材料发生低温脆断。9%Ni 钢不仅具有良好的焊接性能,而且有很高的机械强度,尤其在−196℃下具有优异的低温冲击性能,已经作为大型 LNG 储罐内罐材料的首选,被世界各国普遍采用。因此,必须重视对合格证明文件的检查。

5.4.3 9%Ni 钢板容易磁化,在磁化后焊接时会产生电弧的磁偏吹现象,从而造成无法施焊或焊缝缺陷,在采购时应提出 9%Ni

钢板剩磁应在 50Gs 以下的技术条件。在钢板处理及运输中应避免二次磁化,在施工前应对钢板剩磁量进行抽检,不合格时应做退磁处理。

5.6 9％Ni 钢内罐及热角保护板焊接

Ⅰ 主控项目

5.6.1 9％Ni 钢板焊接主要采用焊条手工电弧焊(SMAW)(立缝)和埋弧自动焊(SAW)(环缝)两种焊接方法,这两种方法的焊接材料均应进行材料复验,应保证屈服强度、抗拉强度、伸长率及 －196℃冲击吸收功等力学性能指标符合设计规定、焊接工艺评定及产品标准。

5.6.2 参加 9％Ni 钢板焊接的焊工除了应持有国家特种设备焊工合格证外,施工现场还应组织焊工技能考试和评定,经合格认可后方可参加焊接工作。

5.6.4 焊接工艺评定所用的材料应与实际建造材料一致,因为不同的项目和不同的钢厂 9％Ni 钢板的制造工艺和热处理工艺不尽相同,从而造成性能或金相组织的差异,这会影响焊接工艺评定的结果。因此,"强调与实际建造情况一致"是必要的。

5.6.5 真空箱试验最小压力为 －55kPa 或符合设计规定。真空箱试验时,应保证有充足的照明、肥皂液等发泡剂灵敏度应经测试合格、真空箱在平移时重复搭接长度不应小于 80mm、真空箱检查停留时间不少于 10s、箱体与钢板密封宜采用厚型发泡橡塑板材料。在质量管理方面提倡同条焊缝由两个班组进行对口互检并加强第三方监督和见证,以防止漏检。

5.6.7 本节要求内罐焊缝应按照设计规定和相关规范进行渗透试验和射线探伤。

　　1 应按现行国家标准《石油化工钢制低温储罐技术规范》GB/T 50938 表 8.6.2-1 和设计要求对 9％Ni 钢内罐对接焊缝或

填角焊缝进行渗透检测。渗透检测应按现行行业标准《承压设备无损检测 第 5 部分:渗透检测》NB/T 47013.5 的规定进行。

2 应按现行国家标准《石油化工钢制低温储罐技术规范》GB/T 50938 表 8.6.2-1 和设计要求对 9‰Ni 钢内罐对接焊缝进行射线检测。射线检测应按现行行业标准《承压设备无损检测 第 2 部分:射线检测》NB/T 47013.2 的规定进行。

5.10 储罐试验

Ⅰ 主控项目

5.10.1 内罐充水试验应满足以下条件:

①水质符合设计规定或规范要求;②内罐完整性检查合格;③混凝土环梁无裂及变形;④排尽水后内罐底板焊缝真空箱法严密度试验复查合格;⑤排尽水后罐壁与罐底角焊缝 PT 检测和真空箱法严密度试验复查合格;⑥实际充水试验曲线符合设计规定;⑦充水试验时,对罐内焊缝的严密性及罐体各部位的变形仔细检查,内罐无渗漏,罐体无异常变形;⑧充水试验时,内罐及外罐无明显沉降,或沉降趋于稳定。

5.10.2 混凝土基础沉降是在基础四周布设沉降观察点,分别在空罐至满罐的各阶段进行测量和记录。内罐的沉降是测定内罐与外罐的相对垂直位移和水平位移,在试验前对内罐布点并进行同一相位的内外罐相对位置调零,在试验各阶段与基础同步测量位移和记录。

5.10.5 外罐气压试验介质为干燥、无油空气,实际升压曲线应符合设计文件规定。气压试验时,应设置 2 台以上 U 型玻璃管水柱压力计,用发泡剂涂抹各接管焊缝、法兰、盲板等处进行检测;当确认无泄漏后,按设计文件要求进行系统保压,压力无下降为合格。

5.10.6 外罐负压试验可以采用真空泵抽吸、内罐放水、罐顶鼓风机抽吸排气等形成试验系统负压的各种工艺方法,负压试验压力及抽真空速率应符合设计文件规定,设置2台以上U型玻璃管水柱压力计。在抽负压全过程中,要密切观察罐顶变形情况,如有不正常声响和形变,应立即中止试验。

5.11 储罐干燥与置换

Ⅰ 主控项目

5.11.6 严格控制内罐底板上、下部压差,以防止压差过大而造成底板异常变形,甚至失稳破坏。

Ⅱ 一般项目

5.11.8 环形空间是指内罐壁与混凝土外罐之间的空间,其氮气置换的气体流向为自上而下,最后通过底部的外包滤网玻璃布的环形吹扫管道两侧的均布排孔进入集气环管并引至罐外排放。滤网玻璃布的孔目数应符合设计要求,滤网玻璃布搭接应采用胶水粘结并采用不锈钢丝绑扎固定,其滤网既要满足透气性,又要使环形空间内的填充珍珠岩颗粒不能外逸到罐外,以免造成保冷珍珠岩流失。

5.12 压力储罐

Ⅰ 主控项目

5.12.1 本条规定了储罐的规格、型号及开口位置应符合设计要求,是储罐安装最基本、最重要的条件。储罐的型号参数和开口位置尺寸必须和设计文件完全一致,否则将导致现场无法安装。储罐的质量证明文件是储罐安装、竣工验收、设备落户、投入运行后操作的依据,对工程竣工验收意义重大,因此这里强调了质量证明文件的重要性。

5.12.2 由于储罐基础的安装质量决定了储罐的安装质量,因此本条要求对储罐基础的位置和尺寸需按照设计要求进行重点控制。储罐基础的具体控制内容和允许偏差应按现行国家标准《石油化工静设备安装工程施工质量验收规范》GB 50461 的规定执行。

Ⅱ 一般项目

5.12.9 表 5.12.9 所列出的压力储罐的安装尺寸允许偏差,若与储罐安装使用说明书的要求不相符时,应按储罐技术文件执行。

6 液化、压缩天然气装置工程

6.5 卸料臂装卸装置

Ⅰ 主控项目

6.5.4 卸料臂下段筒体底座二次灌浆强度必须达到100％后才能进行卸料臂上节的安装。

7 站内工艺管道工程

7.1 一般规定

7.1.3 输送易燃、易爆介质的天然气液体、气体的管道,由于输送介质的相互磨擦等易产生静电,这些静电不及时消除会产生火花,进而引起火灾或爆炸,因此必须采取措施消除静电。接地电阻值的要求应符合设计文件和专业规范的规定。

7.1.4 应对管道元件和材质证明文件逐项进行检查,以确认其内容及特性数据是否符合国家现行材料标准、管道元件标准、专业施工规范和设计文件的规定。质量证明文件的检查内容应包括产品的标准号、产品规格型号、材料的牌号(钢号)、炉批号、化学成分、力学性能、耐腐蚀性能、交货状态、质量等级等材料性能指标以及相应的检验试验结果(如无损检测、理化性能试验、耐压试验、型式试验等)。设计压力大于或等于10MPa的管道,规定其管子及管件在使用前应进行外表面无损检测复查。表面无损检测方法的选择,通常导磁性管子、管件采用磁粉检测;非导磁性管子、管件采用渗透检测。磁粉和渗透检测应由相应资质的检验单位进行,并出具磁粉或渗透检测报告。

7.1.6 设计压力大于或等于10MPa管道用的合金钢螺栓、螺母应采用快速光谱分析逐件进行材质确认,同时每批应抽检2件进行硬度检验是根据燃气企业生产周期长且连续运行的特点而制定的。高压螺栓和螺母的硬度检查应符合的材料标准为《优质碳素结构钢》GB/T 699、《合金结构钢》GB/T 3077、《不锈钢棒》GB/T 1220、《紧固件机械性能 螺栓、螺钉和和螺柱》GB/T 3098.1等。

7.2 管道安装

7.2.1 预制管段时应考虑自由管段和封闭管段,合理选择安装顺序非常必要。合理程度可按照下列标准判断:

1 能够调节设备安装造成的径向和轴向的误差。

2 能够使已固定的设备不受管道安装造成的拉应力和压应力的影响。

3 选择自由管段和封闭管段应便于加工、运输、安装和测量作业。

Ⅱ 一般项目

7.2.19 管沟内应无积水,沟内积水排出口应高于沟外排水井中最高水位,若存在倒灌或无法排除沟内积水时,应采取措施。

7.8 管道系统压力试验、吹扫

Ⅰ 主控项目

7.8.3 对不锈钢管道组成件或系统中有不锈钢设备进行水压试验时,应控制水中氯离子含量。尽管现行国家标准《压力管道规范 工业管道 第5部分:检验与试验》GB/T 20801.5放宽了对氯离子含量的控制要求(即不超过50ppm),但本标准仍从严要求,与现行特种设备安全技术规范《压力容器安全技术监察规程——工业管道》TSG D0001和现行国家标准《工业金属管道工程施工规范》GB 50235的规定是一致的。

Ⅱ 一般项目

7.8.8 根据工程的实际需要进行氮气置换,如管道施工结束后需要保压,可将置换和保压一并进行,节约投资。置换合格的标准采用现行行业标准《天然气管道运行规范》SY/T 5922 中的规定。

7.9 绝缘防腐层及绝热层

Ⅰ 主控项目

7.9.2 第 1 款 拼缝主要是针对硬质材料而言的。实际工程中若拼缝施工质量不严格控制,缝隙部位散热量可达 50% 以上,特别是保冷结构,除对冷量损失外,湿气还会由此渗入,出现结冰现象,造成保冷结构破损,影响保冷效果。在现行国家标准《工业设备及管道绝热工程施工规范》GB 50126 中也已将绝热层缝隙搭接长度由 50mm 提高到 100mm,本标准与其保持一致。

Ⅱ 一般项目

7.9.6 按现行国家标准《工业设备及管道绝热工程施工规范》GB 50126 要求,防潮层为 2 层以上,每层厚度为 2mm～3mm,故本条规定防潮层厚度不小于 5mm。

7.9.8 根据设计文件和管道等级,检查方法和质量要求可按照现行国家标准《埋地钢质管道聚乙烯防腐层》GB/T 23257 和现行上海市工程建设规范《城镇燃气管道工程施工质量验收标准》DG/TJ 08−2031−2007 中第 6.2 节的相关要求执行。

8 电气工程

8.1 一般规定

8.1.4 强调电气设备安装紧固件应采用镀锌件,是为了避免设备检修更换时紧固件生锈无法拆开,且生锈影响安装牢固。

8.1.5 用机械开孔,可控制孔径大小,保证孔沿光滑、无毛刺,不破坏镀锌层。

8.1.6 电缆管口和预留洞封堵,可防止小动物进入和防水防潮。

8.2 配电、控制柜(盘)安装

Ⅰ 主控项目

8.2.1 天然气站内工艺区为爆炸危险环境,保护地线为 PE 线。在正常情况下,PE 线内无电流流过,电位与接地装置电位相同,而 PEN 线当三相供电不平衡时有电流流通,各点电位也不同,故采用接地而不是接零(PEN)。

8.2.4 低压成套设备中的 PE 线要符合国家电击防护规定标准,PE 线截面积大小决定其能否承受流过的接地故障电流,使保护器件在动作电流和时间范围内不会损坏,保护导体和人身安全。

Ⅱ 一般项目

8.2.11 本条规定指柜间两次回路连线,柜内由制造商完成。

8.3 电缆保护管及电缆桥架

Ⅰ 主控项目

8.3.2 设计选用镀锌钢管是因为锌抗锈性好、使用寿命长,所以施工中不应破坏锌保护层。用熔焊法焊接接地线,必然破坏钢管内外表面的镀锌层。外表面尚可用刷油漆补救,内表面则无法刷油漆。

8.3.3 规定圆钢跨接线的直径和焊接长度、质量,是为了保证连接处的导电性能。

8.3.4 对口熔焊会产生烧穿、内部结瘤,穿线缆时损坏绝缘层。埋入混凝土中会渗入浆水,导致堵塞。镀锌管用套管熔焊同样会破坏镀锌层。管径 φ50 以下明敷钢管用套管熔焊连接,焊接处易生锈腐蚀,且外观不好看。壁厚小于等于 2mm 的钢管用套管熔焊连接,因管壁薄,易烧穿。

8.3.5 钢制桥架接地非常重要,目的是为保证供电干线使用安全。若设计在桥架内底部,全线敷设一根镀锌扁钢保护地线(PE)且与桥架每段有数个电气联通点,桥架的接地保护就十分可靠,验收时可不做本条第 2 项和第 3 项检查。

Ⅱ 一般项目

8.3.6 电缆管如弯扁程度过大,将减少电缆管的有效管径,造成穿电缆困难。管口打去毛刺是为了防止在穿电缆时划伤电缆。管口做成喇叭状可减少对电缆的剪切力。

8.3.13 管口高出基础面是为了防止尘埃等异物进入管子,也避免清扫冲洗地面时水流入管内,但管口也不能太高,否则会影响电线、电缆的上引和柜箱盘内下部电气设备的接线。

8.3.15 钢管连接采用套管焊接,套管长度不应小于管外径的2.2倍,是为了保证连接后的强度。

8.3.20 刚性绝缘管可以用螺纹连接,但更适宜用胶合剂胶接。

8.3.21 柔性管不能用作线路的敷设,只能在刚性管不能准确与电气设备配接时,作过渡管用,因此要限制长度。

8.3.22 本条对电缆桥架施工质量做了规定:

1 直线敷设的电缆桥架,要考虑因环境温度变化而引起的膨胀和收缩,所以要装补偿伸缩节,以免产生过大应力而破坏桥架,以保证供电安全可靠。

2 要保证电缆弯曲半径不小于最小允许弯曲半径,是为了防止破坏其绝缘层和外护层。

3 为了使电缆供电时散热良好,当气体管道发生故障时,最大限度地减少对桥架及电缆的影响,所以做出敷设位置和注意事项的规定。做好防火隔堵措施也是必要的防范规定。

8.4 电缆敷设

Ⅰ 主控项目

8.4.1 为避免电缆发生故障时危及人身安全,电缆支架均应良好接地。

8.4.2 要在每层电缆敷设完成后,进行检查;全部敷设完毕,经检查合格后,才能盖上桥架盖板。

8.4.3 为了防止产生涡流效应,必须遵守本条的规定。

Ⅱ 一般项目

8.4.5 电缆在沟内敷设,要用支架支撑,因而支架安装是关键。支架安装会影响通电后电缆的散热、电缆弯曲半径是否合理等。

8.4.7 本条中对桥架内电缆固定点的规定,是为了使电缆固定时受力合理,保证固定可靠,不因受到意外冲击时发生脱位影响正常供电。

8.4.12 当电缆穿管或用隔板分开时,平行距净距可降为 0.1m。南方水位较高地区,铺砂比铺软土的电缆更易受腐蚀,故直埋电缆下部宜采用铺软土。规定直埋电缆方位标志的设置要求,是为了便于电缆检修时查找和防止外来机械损伤。

8.5 电缆接线

I 主控项目

8.5.1 供电线路敷设完,电缆做好电缆头后,要做电气交接试验,合格后方能通电运行。

8.5.4 接地线的截面积应按电缆线路故障时接地电流的大小而选定,表8.5.4中推荐值为经常选用值,使用中尚未发现因故障而熔断现象。使用镀锡铜编织线更利于方便橡塑电缆头焊接地线,如用铜绞线也应先搪锡再焊接。

8.5.5 接线正确是指定位正确,不要错接开关的位号或编号,也不要把相位接错,以避免送电时造成失误而引发重大安全事故。并联运行的线路设计通常采用同规格型号最经济合理,因此要十分注意长度和连接方法。相位一致是并联运行的基本条件,是必检项目,否则不可能并联运行。

II 一般项目

8.5.9 三芯塑料绝缘电缆铜带屏蔽和钢铠在塑料护套内,端部必须良好接地,否则当三相电流不平衡时,铠装层因感应电势可能产生放电现象,严重时可能烧毁护层。因此,钢铠也必须良好接地。铜屏蔽和钢铠可分别接地,便于试验检查护层,亦可同时接地。

8.6 接地装置

I 主控项目

8.6.3 在施工设计时,一般尽量避免防雷接地干线穿越人行通道,以防止雷击时跨步电压过高而危及人身安全。

8.6.4 避雷引下线的敷设方式由设计选定,埋入抹灰层内的引下线则应分段卡牢固定,且紧贴砌体表面,不能有过大起伏,否则会影响抹灰施工,也不能保证应有的抹灰层厚度。避雷引下线允许焊接连接和专用支架固定,但焊接处应刷漆防腐;如用专用卡具连接或固定,不破坏镀锌层更好。

8.6.7 金属软管、管道保温层的金属外皮等强度差,而且易腐蚀,作接地线很不可靠。

8.6.8 为保证电气设备接地可靠,不致因为一台设备接地断开而造成所有电气设备全部不接地。

8.6.9 形成等电位,可防止静电感应的危害。

Ⅱ 一般项目

8.6.16 热浸镀锌锌层厚、抗腐蚀、有较长的使用寿命,材料使用的最小允许规格的规定与现行国家标准《电气装置安装工程接地装置施工及验收规范》GB 50169 一致,但不能作为施工中选择接地体的依据。选择的依据是施工设计,但设计不应选择小于最小允许规格的材料。

8.6.22 明敷接地引下线的间距均匀是观感的需要,规定间距的数值是考虑受力和可靠,使线路能顺直,要同一条线路的间距均匀一致,可在给定范围内选取一个定值。

8.6.23 保护管的作用是避免引下线受到意外冲击而损坏或脱落,钢保护管要与引下线做电气连通,可使雷电泄放电流以最小阻抗向接地装置泄放。不连通的钢管则如一个短路环一样,套在引下线外部,互抗存在,泄放电流受阻,引下线电压升高,易产生反击现象。

8.6.24 补偿器可用接地线本身弯成弧状代替。

8.6.29 为防止强电对弱电接地干扰,尽量使二者接地保持一定的距离,距离越大越好。

8.7 防　爆

I　主控项目

8.7.2　防爆合格证号是设备的防爆性能经过国家指定的检验单位认可的证明,防爆电气设备的类型、级别、组别和外壳上"Ex",标志是防爆电气设备的重要特征,安装前需要首先查明。

8.7.3　电气管路采用倒扣连接时,其外露的丝扣必然过长,不但破坏了管壁的防腐性能,而且降低了管壁的强度,接口不严密,尤其是正压防爆,充保护气体防爆,极易发生泄漏,破坏防爆性能,是不允许的。市场上有与防爆等级相适配的各类管件供应,完全可以不用倒扣连接。

8.7.4　根据国家标准《爆炸危险环境电力装置设计规范》GB 50058－2014 第 5.4.1 条规定进行选型,电线、电缆额定电压为不应低于工作电压。

8.7.7　电气设备允许最高表面温度,根据其使用环境,现行国家标准《爆炸性环境》GB 3836 已将其修改为 6 组,其中增安型和无火花型设备还包括设备内部的最高温度。

II　一般项目

8.7.14　爆炸危险环境的电气线路的敷设方式和敷设路径,设计无明确规定时,可按规范要求、危险性大小、易燃物质比重进行选择。

8.7.17　所列电缆导线的最小截面积,仅从符合机械强度角度规定,实际施工,应根据设计规定。

8.7.21　使用具有一定机械强度的挠性连接管及其附件即可。进线电缆,挠性软管和防爆电动机接线盒之间的配合要符合防爆要求。

8.7.24　隔离密封装置不能在施工现场做不传爆性能试验,只有按照制造厂产品技术规定的要求进行施工，以达到隔离密封的要求。

8.7.25 为了避免在这些地方钢管直接连接时可能承受过大的额外应力和连接困难，规定应采用挠性管连接。爆炸危险环境内应采用防爆型挠性连接管。

8.7.28 按不同危险区域及不同的电气设备，设置接地线，区别对待。特别注意，所有电气设备的金属外壳，无论是否安装在已接地金属结构上，都应接地。接地螺栓涂电力复合脂、有防松装置，是为防止因紧固不良产生火花或高温引起爆炸事故。

8.7.29 在爆炸危险环境中，设备及管道易产生和集聚静电，当设计有防静电接地要求时，必须按设计规定进行可靠接地，以防止产生静电火花而引起爆炸事故发生。

9 自动化仪表及控制工程

9.2 温度取源部件及其仪表安装

I 主控项目

9.2.2 保证测温元件能插入管道内物料流束的中心区域,测量到物料的真实温度。

9.3 压力取源部件及其仪表安装

I 主控项目

9.3.1 对于气体物料,应使气体内的少量凝结液能顺利流回管道,而不致流入测量管道及仪表,造成测量误差。对于液体物料,应使液体内析出的少量气体能顺利流回管道,而不致进入测量管道及仪表,导致测量不稳定;同时还应防止管道底部的固体杂质进入测量管道及仪表。对于蒸汽物料,应保持测量管道内有稳定的冷凝液,同时也要防止管道底部的固体杂质进入测量管道和仪表。

9.4 流量取源部件及其仪表安装

I 主控项目

9.4.2 转子流量计上游直管段的长度对测量影响不大。各类流量计的上下游直管段长度应在产品技术文件中说明,由设计文件做出规定,按设计文件施工。安装位置和流体流向的规定是为了

符合仪表使用要求和保证测量精度。对流量计上下游直管段的通常要求如下:

- 转子流量计,上游不小于0～5倍管径,下游无要求;
- 靶式流量计,上游不小于5倍管径,下游不小于3倍管径;
- 涡轮流量计,上游不小于5倍～20倍管径,下游不小于3倍～10倍管径;
- 涡街流量计,上游不小于10倍～40倍管径,下游不小于5倍管径;
- 电磁流量计,上游不小于5倍～10倍管径,下游不小于0～5倍管径;
- 超声波流量计,上游不小于10倍～50倍管径,下游不小于5倍管径;
- 容积式流量计,无要求;
- 孔板,上游不小于5倍～80倍管径,下游不小于2倍～8倍管径;
- 喷嘴,上游不小于5倍～80倍管径,下游不小于4倍管径;
- 文丘里管、弯管、楔形管,上游不小于5倍～30倍管径,下游不小于4倍管径;
- 均速管,上游不小于3倍～25倍管径,下游不小于2倍～4倍管径。

10 消防工程

10.6 消防水系统调试

系统调试内容是根据系统正常工作条件、关键组件性能、系统性能等来确定的。本条规定系统调试的内容:水源的充足可靠与否,直接影响系统灭火功能;消防水泵是扑灭火灾时的主要供水设施;报警阀为系统的关键组成部件,其动作的准确、灵敏与否,直接关系到灭火的成功率。

I 主控项目

10.6.2 消防水泵启动时间是指从电源接通到消防水泵达到额定工况的时间,应为 20s~55s 之间。通过试验研究,水泵电机功率不大于 132kW 时启泵时间为 30s 以内,但通常不大于 20s;当水泵电机功率大于 132kW 时,启泵时间为 55s 以内,所以启动消防水泵的时间在 20s~55s 之间是可行的。而柴油机泵比电动泵延长 10s 时间。

电源之间的转换时间,国际电工委员会规定的时间为 0s、2s 和 15s 等不同的等级,一般涉及生命安全的供电如医院手术室和重症护理病房等的供电要求 0s 转换,消防也是涉及生命安全,但要求没有那样高,适当降低,在现行国家标准《消防给水及消火栓系统技术规范》GB 50974 中规定为 2s 转换。因此,消防水泵在备用电源切换的情况下也能在 60s 内自动启动。

10.10 可燃气体报警系统

I 主控项目

10.10.1 燃气泄漏形成爆炸性气体危害性大,对人身和财产造成危害,且由于燃气介质在未加臭前无色无味,泄漏难以发现,需采用仪表测量。可燃气体报警设备属于特殊设备,需获得消防CCCF、3C、防爆等国家强制认证(认可),且应在有效期内。

11 安防工程

11.1 一般规定

11.1.3 安装于防爆区的用电设应提供防爆合格证书,防爆标志应满足或优于设计规定,满足现行国家标准《爆炸危险环境电力装置设计规范》GB 50058 中对设备适用于爆炸性环境分级、温度分组的要求。

11.2 摄像机安装

Ⅰ 主控项目

11.2.2 出入口属于安防系统重点监控区域,出入口摄像机安装应满足上海市地方标准《重点单位重要部位安全技术防范系统要求 第14部分:燃气系统》DB31/T 329.14-2009 第5.1.4条的要求。

11.2.5 监控区域照度不应低于 200 lx,且不应使摄像机逆光工作。照度可采用仪表测试。

11.2.6 防雷保护器应可靠接地,接地线长度应小于 0.5m,线径不小于 6mm²,采用 O 形接线鼻子,接地电阻值应测试记录,并满足设计要求。

11.3　周界报警前端安装

Ⅰ　主控项目

11.3.1　本条参考《上海市安防工程用高压电子脉冲式探测器基本技术要求》(沪公技防〔2008〕0013号)第5.1条的要求。

11.3.3　主动红外对射探测器一般安装于大门处,与电子围栏形成封闭周界报警装置。采用多束红外对射装置以扩大防区面积(高度),错重叠方式防止形成空当。

11.3.5　防止对站内接地装置、电子电气设备及埋地金属构筑物形成干扰和破坏。

11.5　安防控制柜安装

Ⅰ　主控项目

11.5.1　安防柜一般由设备厂商成套提供,对柜内安装元件和电缆连接进行检查。

11.5.2　强、弱电端子分开是防止发生电磁干扰。

11.6　电缆敷设

Ⅰ　主控项目

11.6.3　通信光缆敷设应严格对光纤进行保护和质量控制,以使光纤回路衰减尽可能低。

11.7　系统功能调试

Ⅱ　一般项目

11.7.4　第 2 款分级依据现行国家标准《民用闭路监视电视系统技术规范》GB 50198 的规定。

11.8　车辆阻挡装置

Ⅰ　主控项目

11.8.2　天然气场站根据区域反恐部门要求确定 A、B 级,系统技术指标参考《上海市车辆阻挡装置基本技术要求(暂行)》中的规定。

11.8.3　本规定为车辆阻挡装置操作功能要求,参考《重点单位重要部位安全技术防范系统要求　第 10 部分:党政机关》第 4.2.6.2 条规定。

11.9　安防验收

11.9.1　根据上海市公安局技防办的要求,天然气场站技防系统应由上海市公安局技防办进行验收,并出具验收合格书。